KB088859

시간과 공간에 관하여

개정판

시간과 공간에 관하여

스티븐 호킹, 로저 펜로즈

김성원 옮김

The Nature of Space and Time

by Stephen Hawking, Roger Penrose

역자 김성원(金聖源)
서울대학교 물리학과를 졸업하고 한국과학기술원에서 석사, 박사학위를 받았다. 한국물리학회 물리올림피아드위원회 위원장, 한국현장과학교육학회 회장 및 한국과학교육학회 이사를 역임했으며, 단국대학교 응용물리학과 조교수, 미국 캘리포니아 공과대학 방문교수, 이화여자대학교 과학교육과 교수를 거쳐 현재는 이화여자대학교 명예교수이다. 저서로는 『물리문제총론』, 『과학, 삶, 미래』(공저), 『지식의 이중주』(공저) 등이 있으며, 역서로는 『수리물리학』, 『빛보다 더 빠른 것』, 『시공간의 미래』 등이 있다.

시간과 공간에 관하여

저자 / 스티븐 호킹, 로저 펜로즈
역자 / 김성원
발행처 / 까치글방
발행인 / 박후영
주소 / 서울시 용산구 서빙고로 67, 파크타워 103동 1003호
전화 / 02 · 735 · 8998, 736 · 7768
팩시밀리 / 02 · 723 · 4591
홈페이지 / www.kachibooks.co.kr
전자우편 / kachibooks@gmail.com
등록번호 / 1-528
등록일 / 1977. 8. 5
초판 1쇄 발행일 / 1997. 4. 25
개정판 1쇄 발행일 / 2021. 5. 20
        3쇄 발행일 / 2023. 11. 15

값 / 뒤표지에 쓰여 있음

ISBN 978-89-7291-736-6 93420

차례

책머리에

이 책에 소개된 로저 펜로즈와 스티븐 호킹 사이에 벌어진 토론은 1994년에 케임브리지 대학의 아이작 뉴턴 수리과학 연구소에서 진행된 6개월간의 프로그램 중에서 가장 큰 화젯거리였다. 이때 우주의 본질에 대한 가장 근본적인 아이디어들이 심도 있게 논의되었다. 더 말할 필요도 없이 아직도 이러한 논쟁은 끝나지 않았다. 불확실한 것들과 논쟁거리들이 아직도 많이 남아 있으며 이에 대해서 주장할 것도 아주 많다.

60여 년 전에 양자역학의 본질에 관하여 닐스 보어와 알베르트 아인슈타인 사이에 오랫동안 유명한 논쟁이 벌어졌다. 아인슈타인은 양자역학을 궁극적인 이론으로 받아들이기를 거부했다. 그는 양자역학이 철학적으로 부적합하다고 생각했으며, 보어가 속했던 코펜하겐 학파의 정설과 대항하여 힘든 전쟁을 치렀다.

어떤 의미에서 이 책에 나오는 펜로즈와 호킹 사이의 논쟁은 앞 논쟁의 속편이라고 하겠다. 펜로즈는 아인슈타인의 역할을, 호킹은 보어의 역할을 담당하고 있다. 지금의 논제는 그때보다 조금 더 복잡하고 광범위하지만, 펜로즈와 호킹은 그때처럼 전문적인 주장과 철학적인 입장을 조합하여 표현했다.

양자론이나 이보다 조금 더 복잡하고 정교한 양자장 이론은 — 로저 펜로즈처럼 아직 철학적인 회의론자들이 있지만 — 현재로서는 고도로 발달되고 전문적으로 성공한 이론이다. 아인슈타인의 중력 이론인 일반 상대성 이론은 — 아직까지도 특이점의 역할이나 블랙홀에 관한 심각한 문제들이 남아 있지만 — 시간만 지나면 시험될 수 있고 이로부터 놀라운 결과들이 있기를 바랄 수 있다.

호킹과 펜로즈의 토론을 두드러지게 하는 진정한 쟁점은 이 두 성공적인 이론들(일반 상대성 이론과 양자론)의 결합인 "양자 중력(quantum gravity)" 이론을 어떻게 만드냐는 것이다. 양자 중력 이론에는 개념적으로 그리고 기술적으로 심오한 문제들이 산재해 있다. 이 강의에서 토론된 주장들은 이 문제들에 대한 의견이 될 것이다.

여기에서 거론된 근본적인 질문들은 "시간의 화살", 우주 탄생의 초기 조건, 블랙홀의 정보를 흡수하는 방법 등이다. 이 모든 것들과 다른 많은 것에서 호킹과 펜로즈는 미묘하게 다른 입장을 취한다. 그들은 수학과 물리학 용어로 신중하게 주장하고 토론 과정에서는 의미 있게 서로 비판했다.

그들 주장 가운데 일부는 수학과 물리학의 전문적인 이해를 요하지만, 대부분의 주장들은 보다 광범위한 청중들의 흥미를 끝도록 약간 어렵거나 심오한 수준에서 진행되었다. 독자들은 이 책을 통하여 적어도 펜로즈와 호킹 사이에 토론된 사고들, 중력 이론과 양자론을 동시에 충분히 고려하는 우주와 일관성이 있는 그림을 그려내는 수많은 도전들의 범위와 미묘함에 대한 지침을 얻게 될 것이다.

마이클 아티야

감사의 글

저자, 출판사, 아이작 뉴턴 수리과학 연구소는 강의 준비와 이 책이 완성되도록 도움을 준 매티어스 R. 개버디얼, 사이먼 질, 조너선 B. 로저스, 대니얼 R. D. 스콧, 폴 A. 샤 모두에게 심심한 감사를 드린다.

제1장

고전 이론

• 스티븐 호킹 •

이 강의에서 로저 펜로즈와 나는 공간과 시간의 본질에 관하여 서로 관련이 있지만 약간 다른 견해들을 주장할 것이다. 각각 세 개의 강의를 교대로 진행할 것이며 이어서 우리가 서로 다르게 접근하는 것들에 대한 토론이 있을 것이다. 이 강의들이 전문적인 강의가 될 것임을 강조하고 싶으며, 우리는 독자들이 일반 상대성 이론과 양자론에 대한 기본 지식을 갖췄다고 가정할 것이다.

일반 상대성 이론에 관한 학술회의에 참석했던 경험을 기술한 리처드 파인먼의 짧은 글이 있다. 그 회의는 1962년에 바르샤바에서 열린 학술회의였던 것으로 기억한다. 그는 그곳에 참석했던 사람들의 일반적인 능력과 그들이 하고 있는 것들의 관련성에 대해서 호의적으로 언급하지 않았다. 로저가 이룬 수많은 업적으로 일반 상대성 이론이 더 알려졌고 많은 사람들의 흥미를 끌었다. 그때까지 일반 상대성 이론은 하나의 좌표계에서 지저분한 편미분 방정식의 꼴로 표현되었다. 사람들은 거의 물리적인 의미가 없으리라고 생각하여 주의를 기울이지 않았던 해(解)를 찾았을 때는 아주 기뻐했다. 그런데 로저는 스피너(spinor)와 대역적(大域的)인 방법 같은 현대적인 개념을 도입했다. 그는 처음으로 방정식을 정확히 풀지 않고도 일반적인 성질을 발견할 수 있음을 보였다. 나를 인과구조(因果構造)를 공부하도록 이끌어주고 특이점과 블랙홀에 대한 나의 고전 역학적인 연구에 영감을 불어넣은 것이 그의 첫 특이점 정리였다.

　로저와 나는 고전적인 문제에서는 서로 많은 부분에 동의한다. 그러나 우리는 양자 중력 이론이나 실제로 양자론 그 자체에 접근하는 데에서는 서로 달랐다. 입자물리학자들에게 양자론적인 일관성을 잃게 될지도 모른다고 제안한 것 때문에 내가 위험한 급진주의자로 간주될지도 모르지만, 로저와 비교해볼 때에는 나는 명백히 보수주의자이다. 물리 이론은 바로 수학적 모형이며 그것이 실체에 대응되는 것인지 질문하는 것은 무의미하다고 하는 긍정론자들의 견해들을 나도 가지고 있다. 우리가 질문할 수 있는 것은 물리 이론에서 언급하는 것들이 관측 결과와 일치해야 하느냐는 것이다. 로저는 진정한 플라톤 추종자, 즉 이론가

이지만 나는 그가 스스로 이 질문에 답해야 한다고 생각한다.

시공간이 불연속적인 구조를 가지리라는 의견들이 있을지라도 그토록 성공적이었던 연속 이론을 포기할 이유는 없다고 본다. 일반 상대성 이론은 그동안 이루어졌던 모든 관측들과 일치하는 아름다운 이론이다. 플랑크 영역에서는 일반 상대성 이론을 수정해야 될지도 모르나 그렇다고 그 사실이 일반 상대성 이론으로 얻은 예언들의 많은 부분에 영향을 주리라고 생각하지는 않는다. 일반 상대성 이론은 끈 이론같이(끈 이론은 지나치게 팔아먹었다고 생각한다) 좀더 근본적인 이론의 저에너지 근사(近似)에 불과할지도 모른다. 무엇보다도 일반 상대성 이론이 초중력(超重力, super gravity) 이론에서 다른 힘들과 결합할 때, 일반 상대성 이론이 실제적인 양자론을 제시할 수 없다는 것은 분명하지 않다. 초중력 이론이 죽어버렸다는 보고들은 과장되었다. 한때 모든 사람들은 초중력이 유한하다고 믿었다. 그 다음해에 유행이 바뀌었고, 실제로 아무도 밝혀내지는 못했지만 모두들 초중력은 발산할 수밖에 없다고 말했다. 끈 이론을 논의하지 않는 두 번째 이유는 그것이 검증할 만한 예측을 할 수 없기 때문이다. 이와 대조적으로 양자론을 일반 상대성 이론에 직접 적용하면 두 가지 물리적 현상을 예측할 수 있다. 이 둘 모두 검증이 가능하다. 이 예측 가운데 하나는 우주가 급팽창(inflation)하는 동안에 작은 섭동이 커지는 것을 최근의 마이크로파 배경 관측에서 교란에 의해서 확인하는 것이다. 다른 예측은 블랙홀이 열적 복사(thermal radiation)를 하리라는 것인데 이것 또한 원칙상 검증이 가능하다. 우리가 해야 할 일은 원시 블랙홀을 찾는 것이다. 불행하게도, 이쪽 길목에서는 그것이 많이 있는 것 같지도 않다. 만일 있다면 중력을 양자화하는 방법을 알게 될지도 모른다.

이러한 예측들은 끈 이론이 자연의 궁극적인 이론이라고 하더라도 변하지 않을 것이다. 그러나 끈 이론은, 적어도 현재의 단계에서는, 일반 상대성 이론을 저에너지의 유효 이론으로 흥미를 돋우는 것을 제외하고는 이러한 예측들을 만들 능력이 전혀 없다. 그것이 항상 그러한 경우를 만들 것 같지도 않고, 일반 상대성 이론이나 초중력 이론에서 예측할 수 없으면서 끈 이론에서는 관측이 가능한 예측이 존재할 것 같지 않다. 만일 이것이 사실이라면 끈 이론이 순수한 과학 이론인지 질문을 제기하게 한다. 뚜렷하게 관측해서 검증되는 예측이 없는 경우에도 과연 충분히 수학적으로 아름답고 완전하다고 할 수 있을까? 현재의 형태로서는 끈 이론은 아름답지도 완전하지도 않다.

이러한 이유를 설명하기 위해서 이 강의에서는 일반 상대성 이론에 관해서 이야기하겠다. 중력이 다른 힘들과는 완전히 다른 모양이라는 생각을 하게 하는 두 가지 점에 대해서 집중적으로 설명하겠다. 하나는 중력으로 인하여 시공간이 처음과 끝을 가지게 된다는 아이디어이다. 다른 하나는 거칠게나마 만들어낸 결과가 아닌 본래의 중력 엔트로피가 있으리라는 발견이다. 어떤 사람들은 이러한 예측은 준고전적으로 근사시킨 가공물에 불과하다고 주장했다. 그들은 진정한 양자 중력 이론인 끈 이론이 특이점(特異點, singularity)을 희미하게 만들고 블랙홀로부터의 복사에서 상호 관계를 도입하여 조잡하게 만든다는 의미에서 단지 근사적으로만 열적 현상이 되도록 할 것이라고 말하고 있다. 만일 이것이 그러한 경우라면 차라리 진부하다. 중력은 다른 힘과 같다. 그러나 나는 중력이 다른 힘과 특수하게 다르다고 믿는다. 왜냐하면 중력은 고정된 시공간의 배경에서 작용하는 다른 힘들과는 달리 그것이 행동하는 활동무대의 모양을 결정하기 때문이다. 시간이 시작을 가질 수 있도록 해주는 것이 바로 중력이다. 그것은 우리가 관측할 수 없는 우주의 영역으로 들어가게 한다. 그 결과 우리가 알 수 없는 측정량으로서 중력 엔트로피의 개념이 발생한다.

이 첫 강의에서는 이러한 아이디어를 주는 고전적 일반 상대성 이론의 업적들을 요약하겠다. 두 번째와 세 번째 강의(제3장, 제5장)에서는 그 아이디어들이 어떻게 변했으며 양자론으로 접근할 때에 어떻게 확장되는지를 보이겠다. 두 번째 강의는 블랙홀에 관한 것이며 세 번째 강의는 양자 우주론에 관한 것이다.

특이점과 블랙홀의 조사연구에 대한 기술은 로저에 의해서 도입되었으며, 나도 그것의 개발을 도왔다. 그 기술은 내가 시공간

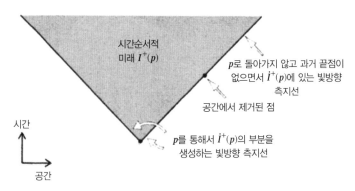

시간순서적
미래 $I^+(p)$

p로 돌아가지 않고 과거 끝점이
없으면서 $i^+(p)$에 있는 빛방향
측지선

공간에서 제거된 점

시간

공간

p를 통해서 $i^+(p)$의 부분을
생성하는 빛방향 측지선

그림 1.1 점 p의 시간순서적(chronological) 미래.

의 대역적인 인과구조를 학습하는 데에 결정적으로 필요했다. $I^+(p)$를 시공간 M 내의 p에서 출발한 미래를 향한 시간방향 곡선(timelike curve)이 닿을 수 있는 모든 점들의 집합이라고 정의하자(그림 1.1). $I^+(p)$를 p에서 벌어진 사건들에 의해서 영향을 받을 수 있는 모든 사건들의 모임이라고 생각할 수도 있다. 미래를 과거로 바꾸면, +부호를 −로 바꾸어 비슷하게 $I(p)$를 정의한다. 나는 그렇게 정의해도 문제없다고 생각한다.

집합 S의 미래 경계(future boundary)인 $i^+(S)$를 생각하자. 이 경계는 시간방향일 수 없다는 것은 이해하기가 아주 쉽다. 만일 시간방향이라면 경계 바로 밖의 점 q는 바로 안쪽의 점 p의 미래일 것이다. 또한 미래 경계는 집합 자신 S를 제외하고는 공간방향일 수 없다. 만일 공간방향이라면 q를 출발하여 바로 경계의 미래 쪽으로 과거를 향한 어느 곡선이든지 경계를 가로질러

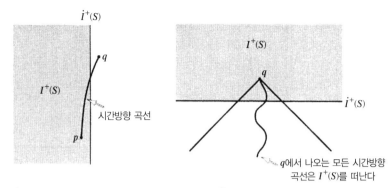

$i^+(S)$는 시간방향일 수 없다 　　　　　　$i^+(S)$는 공간방향일 수 없다

그림 1.2　시간순서적 미래 경제는 시간방향이나 공간방향이 될 수 없다.

S의 미래를 떠나게 된다. 두 가지 경우 모두는 q가 S의 미래에 있으리라는 사실과 모순이 된다(그림 1.2).

따라서 미래 경계는 집합 S 자신을 빼고는 빛방향(null)이라고 결론내릴 수 있다. 좀더 정밀하게 말하자면 q가 미래의 경계에 있고 S의 닫힘(closure) 안에 있지 않다면 경계가 있는 q를 지나 과거를 향하는 빛방향 측지선(null geodesic) 조각이 존재하게 된다(그림 1.3). 경계에 있으면서 q를 지나는 빛방향 측지선 조각이 하나 이상 있을지도 모른다. 다른 말로 하면, S의 미래 경계는 경계 안에서 미래 끝점(future endpoint)을 가지고 있는 빛방향 측지선들에 의해서 생성되고, 만일 그 측지선들이 다른 생성원(generator)과 만나면 미래의 내부로 지나가게 된다. 반면에, 빛방향 측지선 생성원은 S 위에서만 과거 끝점을 가질 수 있다. 그러나 S와는 절대로 만나지 않으면서 S의 미래 경계의 생성원이 있는 시공간

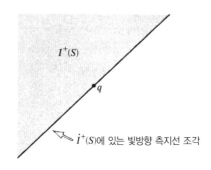

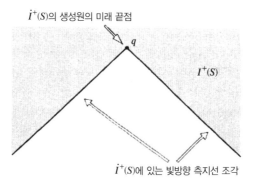

그림 1.3 위: q점은 미래 경계에 있으므로 q를 통과하는 경계에 빛방향 측지선이 존재한다. 아래: 그러한 조각이 더 있으면 q점은 그것들의 미래 끝점이 된다.

을 가질 수 있다. 그러한 생성원은 과거 끝점이 없다.

이것의 간단한 예는 한 수평선 조각이 제거된 민코프스키 공간이다(그림 1.4). 집합 S가 그 수평선의 과거에 있으면, 그 선은 그림자를 주게 되고 S의 미래에는 없으면서도 그 선의 미래에 있게 되는 점들이 존재하는 것이다. 수평선의 끝으로 돌아가는 S의 미래 경계의 생성원이 있을 것이다. 그러나 수평선의 끝점이 시공간에서 제거되었으므로 경계의 생성원은 과거 끝점이 없을

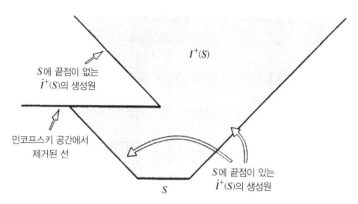

그림 1.4 민코프스키 공간에서 한 선이 제거되었으므로 S의 미래 경계에는 과거 끝점이 없는 생성원이 있다.

것이다. 이 시공간은 완전하지 못하나 수평선의 끝부분에서 적당한 등각인자를 계량(metric: 시공간의 구조를 나타내는 물리량/역주)에 곱해서 이 문제를 처리할 수 있다. 이러한 공간은 매우 인위적이지만, 인과구조를 공부하는 데에 얼마만큼 주의를 기울여야 하는지 보여주기 위한 아주 중요한 예이다. 사실 나의 박사학위 심사위원 중의 한 사람이던 로저 펜로즈는 방금 언급한 것 같은 공간이 내가 학위논문에서 몇 가지 주장한 것에 대한 반대의 예였다고 지적했다.

미래 경계의 각 생성원이 그 집합 위에 과거 끝점을 가지는 것을 보이려면 인과구조에 몇 가지 대역적인 조건을 부여해야 한다. 가장 강하면서 물리적으로도 가장 중요한 조건은 "대역적 쌍곡선성(global hyperbolicity)"이다. 열린 집합 U가 다음의 두 가

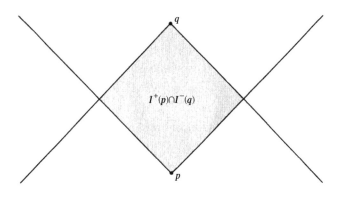

그림 1.5 q의 과거와 p의 미래의 교집합은 컴팩트 닫힘이다.

지 조건을 만족한다면, 그때는 U가 대역적 쌍곡선성을 가진다고 한다.

1. U에 있는 점의 각각의 쌍 p, q에 대해서 p의 미래와 q의 과거의 교차 부분은 컴팩트 닫힘(compact closure)이다. 다른 말로는 그것은 경계가 있는 다이아몬드 모양의 영역이다(그림 1.5).

2. U에서 강한 인과율이 성립한다. 즉, U에는 닫힌 시간방향 곡선이나 거의 닫힌 시간방향 곡선이 없다.

대역적 쌍곡선성의 물리적 의미는 U에 대해서 코시(Cauchy) 표면 $\sum(t)$의 가족이 존재한다는 사실에 있다. U에 대한 코시 표면이란, U에 있는 모든 시간방향 곡선마다 오직 한 번씩만 만나는 공간방향 표면이나 빛방향 표면을 말한다(그림 1.6). 우리는

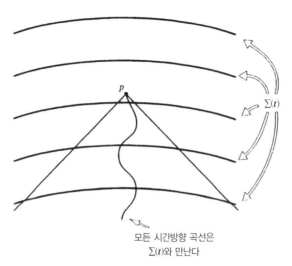

모든 시간방향 곡선은
$\Sigma(t)$와 만난다

그림 1.6 U에 대한 코시 표면 가족.

코시 표면 위의 데이터로부터 U에 어떤 일이 일어날지 예측할
수 있으며 대역적인 쌍곡선성 배경 위에서 잘 행동하는 양자장
이론을 정식화할 수 있다. 대역적 쌍곡선성이 아닌 배경 위에서
는 의미 있는 양자장 이론을 정식화할 수 있을지 분명하지 않다.
따라서 대역적 쌍곡선성은 물리적으로 필요하다. 그러나 나의
관점은, 중력이 우리에게 말하려고 하는 것들을 대역적 쌍곡선
성이 배제할지도 모른다는 이유로 사람들이 그것을 가정하려고
하지 않는다는 것이다. 차라리 그들은 물리적으로 합리적인 다
른 가정들로부터 시공의 어떤 부분들이 대역적 쌍곡선성이라는
것을 유추하려고 한다.

특이점 정리에 대해서 대역적 쌍곡선성이 중요한 이유는 다음

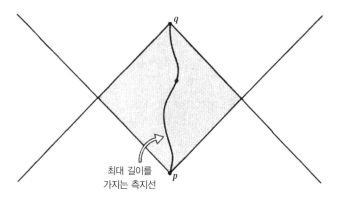

 부분에 라벨:
최대 길이를
가지는 측지선

그림 1.7 대역적 쌍곡선 공간에는, 시간방향 곡선이나 빛방향 곡선으로 연결될 수 있는 어느 쌍의 점이든지 그 둘을 연결하는 최대 길이의 측지선이 존재한다.

과 같은 사실 때문이다. U가 대역적 쌍곡선 성질을 가지고 있고, U의 점들인 p와 q가 시간방향 곡선이나 빛방향 곡선으로 연결될 수 있다고 하자. 그러면 p에서 q를 잇는 시간방향 곡선이나 빛방향 곡선의 길이를 최대로 하는 p와 q 사이의 시간방향 측지선이나 빛방향 측지선이 존재하게 된다(그림 1.7). 이를 증명하려면 p에서 q를 잇는 모든 시간방향 곡선이나 빛방향 곡선이 있는 공간이 어떤 토폴로지(topology)에서 컴팩트함을 보여야 한다. 다음에 이 공간에서 곡선의 길이가 상반연속(upper semicontinuous) 함수임을 보인다. 따라서 그것은 최대가 될 것이고, 그 최대 길이를 가지는 곡선은 측지선일 것이다. 그렇지 않으면 아주 작은 변화로 인하여 더 긴 곡선이 되기 때문이다.

측지선 γ의 길이에 대한 두 번째 변분을 생각할 수 있다. p

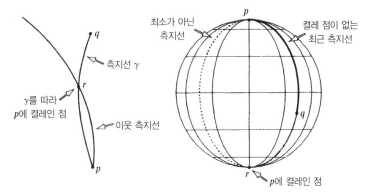

그림 1.8 왼쪽: p와 q 사이의 측지선상에 켤레 점이 있다면 그것은 최소 길이를 가지는 측지선이 아니다. 오른쪽: p에서 q까지의 최소가 아닌 측지선은 남극에 켤레 점이 있다.

와 q점 사이의 점 r에서 γ와 다시 만나는 p에서 출발하는 아주 가까운 이웃 측지선이 있다면, γ를 더 긴 곡선으로 변화시킬 수 있음을 보일 수 있다. 이때 점 r을 p의 켤레(conjugate)라고 부른다(그림 1.8). 두 점 p와 q를 지구 표면 위에서 생각함으로써 이 것을 쉽게 이해할 수 있다. p를 북극이라고 해도 문제될 것은 없다. 지구는 로렌츠 계량이라기보다는 양수로 한정된 계량이므로 측지선은 그 길이가 최대가 아니라 최소이다. 이 최소 측지선은 북극에서 점 q를 잇는 경선일 것이다. 그런데 북극에서 남극을 지나 q를 잇는 또다른 측지선이 있을 것이다. 이 측지선은 p에서 출발하는 모든 측지선들이 만나는 남극에서 p의 켤레인 점을 가지게 된다. p에서 q를 잇는 두 측지선은 작은 변분에도 길이가 일정하다. 그러나 양수로 한정된 계량에서는 켤레 점을 포함하는 측지선을 두 번째로 변분하면 p에서 q를 잇는 더 짧은 곡선이 된다. 따라서 지구의 예에서는 남극으로 갔다가 돌아오는 측지선이 p에서 q를 잇는 데에 가장 짧은 곡선이 아님을 추론할 수 있다. 이 예는 매우 명백하다. 그런데 시공간의 경우에는, 두 점 사이의 측지선마다 켤레 점이 있어야 하는 대역적 쌍곡선 영역이 어떤 가정에서 존재해야 함을 보일 수 있다. 이는 특이점이 없는 시공간의 정의로서 간주될 수 있는 측지선 완비성(geodesic completeness) 가정이 틀렸다(즉 켤레 점이 있어야 한다)는 것을 보여주는 모순이 된다.

시공간에서 켤레 점이 있는 이유는 중력이 인력이기 때문이다. 중력은 가까운 이웃 측지선들을 서로 멀어지지 않게 하고 구부리게 함으로써 시공간을 휘게 한다. 이것은 통일된 형태인 레이초드리(Raychaudhuri) 방정식, 또는 뉴먼-펜로즈(Newman-Penrose) 방정식으로부터 보일 수 있다.

레이초드리-뉴먼-펜로즈 방정식

$$\frac{d\rho}{dv} = \rho^2 + \sigma^{ij}\sigma_{ij} + \frac{1}{n}R_{ab}l^a l^b$$

빛방향 측지선일 때는 $n=2$이고,
시간방향 측지선일 때는 $n=3$이다.

여기서 v는 초평면(hypersurface)과 직교하는 접선 벡터 l^a를 가지는 측지선들의 합동(congruence)을 따라 주어지는 아핀(affine) 매개변수이다. ρ는 측지선의 평균 수렴률이고, σ는 층밀림 변환 (shear)이다. $R_{ab}l^a l^b$항은 물질의 직접적인 중력 효과로서 측지선 값이 수렴하게 된다.

아인슈타인 방정식

$$R_{ab} - \frac{1}{2}g_{ab}\,R = 8\pi T_{ab}$$

약한 에너지 조건

$$T_{ab}v^a v^b \geq 0, \quad v^a\text{는 빛방향 벡터이다.}$$

아인슈타인 방정식에 의하면 물질이 약한 에너지 조건을 만족한다면 어떤 빛방향 벡터 v^a에 대해서도 $T_{ab}v^a v^b$가 음이 아니어야 하는데 이는 에너지 밀도 T_{00}가 어느 좌표계에서든지 음이 아님을 말해준다. 약한 에너지 조건은 스칼라 장이나, 전자기장, 혹은 합리적인 상태 방정식을 만족하는 유체 같은 합리적인 물질의 고전적 에너지 운동량 텐서의 경우에 만족된다. 그러나 에너지 운동량 텐서의 양자역학적 기댓값의 경우에는 국소적으로 만족지 않을 수도 있다. 이것은 나의 두 번째와 세 번째 강의와

관련이 있다(제3장, 제5장).

약한 에너지 조건이 만족된다고 가정하자. 그리고 p점에서 출발한 빛방향 측지선이 다시 수렴하기 시작하고 ρ는 양의 값 ρ_0을 가진다고 하자. 그때 뉴먼-펜로즈 방정식은 빛방향 측지선을 멀리까지 확장할 수 있으면 아핀 매개변수의 거리 $\frac{1}{\rho_0}$ 내의 q점에서 수렴률 p가 무한대가 되리라는 것을 의미한다.

> 만일 $v = v_0$에서 $\rho = \rho_0$이면 $\rho \geq \frac{1}{\rho^{-1} + v_0 - v}$이다.
> 따라서 $v = v_0 + \rho^{-1}$ 이전에 켤레 점이 있다.

p에서 출발하면서 아주 가까운 빛방향 측지선들은 q에서 만날 것이다. 이는 점 q가 그 두 점을 잇는 빛방향 측지선 γ를 따라 p와 켤레를 이룸을 의미한다. 켤레 점 q를 지나서 γ 위에 있는 점들에 대하여 γ를 변화시키면 p에서 출발하는 시간방향 곡선이 된다. 따라서 γ는 p의 미래 경계의 한 생성원으로서 미래 끝점을 가질 것이다(그림 1.9).

시간방향 측지선의 상황도 비슷하다. 대신 강한 에너지 조건을 만족해야 한다. 이것은 모든 시간방향 벡터 l^a에 대하여 $R_{ab}l^a l^b$가 음이 아니도록 요구함을 말하는데 이름이 말하는 것처럼 약한 에너지 조건보다 더 강하다. 그 조건은 고전 이론에서,

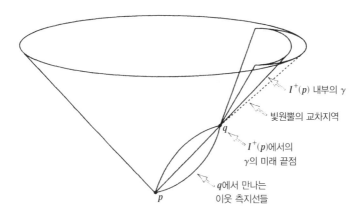

그림 1.9　q점은 빛방향 측지선을 따라 p와 켤레이다. 그래서 p와 q를 잇는 빛방향 측지선은 q에서 p의 미래 경계를 벗어날 것이다.

적어도 평균의 의미에서는 여전히 물리적으로 합리적이다. 만일 강한 에너지 조건이 성립하고 p에서 나오는 시간방향 측지선이 다시 수렴하기 시작하면 p와 켤레인 q점이 있을 것이다.

강한 에너지 조건

$$T_{ab}v^a v^b \geq \frac{1}{2} v^a v_a T$$

　끝으로 일반 에너지 조건이 있다. 이 조건은 첫째로 강한 에너지 조건이 만족되어야 하고, 둘째로 모든 시간방향 측지선이나 빛방향 측지선이 그 측지선과 특별히 나란하지 않은 곡률이 있는 점과 만나야 한다는 것이다. 알려진 많은 해들은 일반 에너지

조건을 만족하지 않는다. 그러나 이 해들은 오히려 특별하다. 적절한 의미의 "일반적인" 해에서 만족하리라고 기대한다. 만일 일반 에너지 조건이 만족된다면, 각 측지선은 중력으로 인해서 초점이 맞는 것처럼 모아지는 영역으로 들어가게 될 것이다. 이 사실은 각각의 방향으로 측지선을 확장시킬 때에 켤레 점들의 쌍이 있음을 의미한다.

일반 에너지 조건

1. 강한 에너지 조건을 만족한다.
2. 각 시간방향 측지선이나 빛방향 측지선에는
   $l_{|a}R_{b|cd|e}l_{f|}l^c l^d \neq 0$을 만족하는 점이 있다.

사람들은 보통 시공간의 특이점을 곡률이 무한히 큰 영역으로 생각한다. 그러나 그렇게 정의하기 곤란한 것은 단순히 특이점을 빼고 난 나머지 다양체(多樣體, manifold)가 시공간 전체라고 말할 수 있기 때문일 것이다. 따라서 적당히 부드러운 계량을 가지는 최대 다양체로서 시공간을 정의하는 것이 더 낫다. 우리는 아핀 매개변수를 무한한 값까지 확장할 수 없는 불완전한 측지선이 존재하는 것으로써 특이점이 나타남을 인지할 수 있다.

> **특이점의 정의**
>
> 한 시공간이 특이하다는 것은 시간방향 측지선이나 빛방향 측지선이 불완전하지만 그 시공간을 더 큰 시공간에 끼워넣을 수 없음을 말한다.

이 정의는 유한한 시간에 유한한 시작과 끝의 역사를 가지는 입자들이 있을 수 있음을 의미하는 특이점들의 가장 못마땅한 모양을 보여주고 있다. 곡률이 유한한 채로 측지선의 불완전성이 발생하는 예가 있으나, 일반적으로는 불완전한 측지선을 따라서는 곡률이 발산할 것으로 생각된다. 고전 일반 상대성 이론에서, 특이점에 의해서 제기되는 문제들의 해결을 위해서 양자 효과에 호소해야 한다면 이 특이점의 정의는 아주 중요하다.

1965년과 1970년 사이에 펜로즈와 나는 많은 특이점 정리들을 증명하기 위하여 그 기술들을 사용했다. 이 정리들에는 세 가지 종류의 조건이 있었다. 첫째로서는 약한, 강한, 일반적인 에너지 조건이 있어야 한다는 것이다. 다음은 닫힌 시간방향 곡선이 없어야 되는 인과구조에서 몇 가지의 대역적인 조건이 있다는 것이다. 마지막 조건은 일부 영역에서는 중력이 아주 강해서 아무것도 도망갈 수 없다는 것이다.

> **특이점 정리**
>
> 1. 에너지 조건.
> 2. 대역적인 구조에서의 조건.
> 3. 한 영역을 가둘 만한 정도로 충분히 강한 중력.

이 세 번째 조건은 다양한 방법으로 표현될 수 있다. 하나는 우주의 공간 단면적이 닫혀 있으며 밖으로 탈출해 나갈 영역이 없다는 뜻이다. 다른 하나는 닫힌 올가미 면(closed trapped surface)이라고 부르는 것이다. 이것은 닫힌 2차원 면으로서 그 면에 수직이면서 들어오거나 나오는 빛방향 측지선이 수렴하게 되는 면이다(그림 1.10). 보통 민코프스키 공간에서 공 모양의 2차원 면은 들어오는 빛방향 측지선은 수렴하나 나가는 것들은 발산한다. 그러나 별이 붕괴하는 경우에는 중력장이 강하여 빛원뿔이 안으로 향하도록 할 수도 있다. 이것은 나가는 빛방향 측지선까지도 수렴함을 의미한다.

이 세 가지 조건 중에서 서로 다른 조합들이 성립할 때에 나타날 다양한 특이점 정리들은 시공간의 시간방향 측지선이나 빛방향 측지선이 불완전해야 함을 말하고 있다. 다른 두 조건을 조금 더 강하게 하면 한 조건은 약화시킬 수 있다. 호킹-펜로즈 정리를 설명함으로써 이것을 보여주겠다. 이것에는 세 에너지 조건

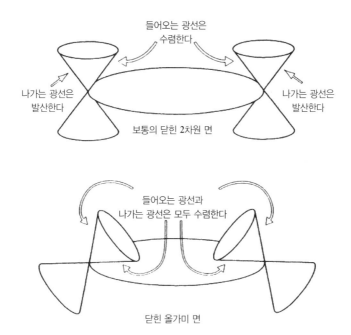

들어오는 광선은
수렴한다

나가는 광선은
발산한다

나가는 광선은
발산한다

보통의 닫힌 2차원 면

들어오는 광선과
나가는 광선은 모두 수렴한다

닫힌 올가미 면

그림 1.10 보통 닫힌 면에서는 면에서 나오는 광선은 발산하고 들어가는 광선은 수렴한다. 닫힌 올가미 면에서는 들어가는 광선과 나오는 광선 모두 수렴한다.

중에서 가장 강한 일반 에너지 조건이 있다. 닫힌 시간방향 곡선이 없어야 하는 대역적인 조건은 매우 약하다. 그리고 올가미 면이나 닫힌 공간방향 3차원 면이 있어야 한다는 탈출 불가능 조건은 가장 일반적이다.

이 문제를 단순하게 취급하기 위하여 닫힌 공간방향 3차원 면 S의 경우에 대해서 대강 증명해 보이겠다. 미래 코시 전개(future Cauchy development) $D^+(S)$를 q점에서 나온 과거 시간방향 곡선마다 S와 만나게 되는 q점들의 영역으로 정의하자(그림 1.11). 코

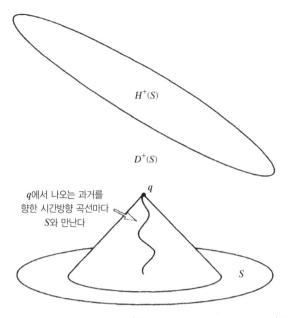

$H^+(S)$

$D^+(S)$

q에서 나오는 과거를
향한 시간방향 곡선마다
S와 만난다

q

S

그림 1.11 집합 S의 미래 코시 전개 $D^+(S)$와 미래 경계인 코시 지평면 $H^+(S)$.

시 전개는 S 위의 데이터로부터 예측될 수 있는 시공간의 영역
이다. 미래 코시 전개가 컴팩트했다고 가정하자. 이는 코시 전개
가 **코시 지평면**(Cauchy horizon) $H^+(S)$라고 불리는 미래 경계를
가짐을 의미한다. 한 점의 미래 경계에 대한 것과 비슷하게 주장
해서 코시 지평면은 과거 끝점이 없이 빛방향 측지선 조각들에
의해서 생성되도록 한다. 그러나 코시 전개가 컴팩트하도록 가정
되었으므로 코시 지평면도 역시 컴팩트하다. 이것은 빛방향 측지
선 생성원들이 하나의 컴팩트한 집합만으로 계속 주위를 감아갈
것임을 의미한다. 그들은 코시 지평면 내에서 과거 끝점이나 미래

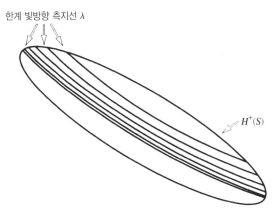

한계 빛방향 측지선 λ

$H^+(S)$

그림 1.12 코시 지평면에 과거 끝점이나 미래 끝점이 없이 코시 지평면에서 제한되는 빛방향 측지선 λ가 있다.

끝점이 없는 유한한 빛방향 측지선 λ로 접근할 것이다(그림 1.12). 그러나 λ가 완전한 측지선이라면, 일반 에너지 조건은 켤레 점 p와 q가 존재함을 의미한다. p점을 지난 λ 위의 점들과 q점은 시간방향 곡선으로 연결될 수 있다. 그러나 이것은 코시 지평면의 어떤 두 점도 시간방향으로 떨어져 있을 수 없기 때문에 모순이 된다. 따라서 λ가 완전한 측지선이 아니면서 그 정리가 증명되거나, 또는 S의 미래 코시 전개가 컴팩트하지 않다.

후자의 (컴팩트하지 않은) 경우에, S의 미래 코시 전개를 결코 떠나지 않으면서 S에서 출발하여 미래를 향한 시간방향 곡선 λ가 존재함을 보일 수 있다. 이와 비슷하게 과거 코시 전개 $D^-(S)$를 결코 떠나지 않는 어떤 곡선에 대해서 γ를 과거로 확장해갈 수 있음을 보일 수도 있다(그림 1.13). 과거로 향하는 γ 위의 점을

고전 이론

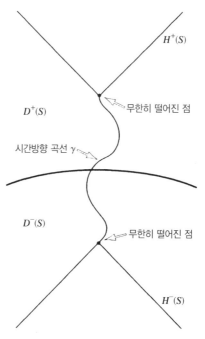

$H^+(S)$

$D^+(S)$

무한히 떨어진 점

시간방향 곡선 γ

$D^-(S)$

무한히 떨어진 점

$H^-(S)$

그림 1.13 미래 (과거) 코시 전개가 컴팩트하지 않다면, S로부터 미래 (과거) 코시 전개를 절대로 떠나지 않는 미래(과거)를 향하는 시간방향 곡선이 있다.

x_n, 미래로 향하는 γ 위에도 점 y_n을 생각하자. 각 n의 경우에 x_n과 y_n들은 시간방향으로 분리되어 있으며 S의 대역적 쌍곡선성 코시 전개 안에 있다. 그래서 x_n에서 y_n까지 최대 길이를 가지는 시간방향 측지선 λ_n이 있다. 모든 λ_n들은 컴팩트한 공간방향 면 S와 만날 것이다. 이는 시간방향 측지선 λ_n들의 극한인 시간방향 측지선 λ가 코시 전개 안에 있을 것임을 의미한다(그림 1.14). λ가 불완전하거나(이 경우에는 그 정리가 증명된다), 일반 에너

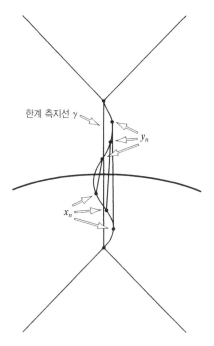

한계 측지선 γ

y_n

x_n

그림 1.14 γ_n의 극한인 측지선 λ는 불완전해야 할 것이다. 왜냐하면 그렇지 않을 때 켤레 점을 포함하기 때문이다.

지 조건 때문에 켤레 점을 포함할 것이다. 그러나 그 경우에 λ_n 은 n이 충분히 클 때에 켤레 점을 포함한다. 이는 λ_n이 최대 길이의 곡선으로 정의되었기 때문에 모순이 된다. 따라서 그 시공간은 시간방향 또는 빛방향으로 측지선이 불완전하다고 결론 내릴 수 있다. 다른 말로 하면, 특이점이 그곳에 있다는 것이다.

이 정리들은 두 가지 상황에서 특이점을 예측하고 있다. 하나는 별이나 어떤 무거운 물체가 중력 붕괴한 후 미래에 생기는 특이점이다. 그러한 특이점들은 적어도 불완전한 측지선 위에서 움직이는 입자들에게는 시간의 끝일 것이다. 특이점이 나타나는 다른 상황은 우주가 현재의 팽창이 시작된 과거에 생긴 것이다. 이것 때문에 먼저 수축하는 상태 다음에 특이점 없이 되튀어 팽창한다는 주장(주로 러시아인들이 주장했음)에 대한 시도들을 포기해버린다. 그 대신, 거의 모든 사람들이 지금의 우주와 시간 자체가 대폭발(빅뱅) 때에 시작했음을 알고 있다. 이것은 노벨상 때문에 잘 알려진 한 입자를 빼고는 몇몇 잡동사니 입자들의 발견보다는 훨씬 더 중요하다.

특이점이 예측하고 있는 것은 고전 일반 상대성 이론이 완전한 이론이 아니라는 것이다. 특이점이 시공간 다양체로부터 제거되어야 하므로, 그곳에서 장 방정식을 정의할 수 없으며 특이점으로부터는 무엇이 나오게 될지 예측할 수 없다. 과거에 특이점이 있을 때에 이 문제를 취급하는 유일한 방법은 양자 중력에 호소하는 것이다. 이 문제를 나의 세 번째 강의(제5장)에서 다시 다루겠다. 그러나 미래에 나타나는 특이점은 펜로즈가 말하는 **우주검열**(宇宙檢閱) 성질을 가져야 할 듯싶다. 즉, 특이점들은 블랙홀 같은 장소에서는 쉽게, 그러나 밖의 관측자로부터는 감추어진 채 발생한다. 그래서 이러한 특이점에서 발생하게 되는 예측할 수 없는 일들은 적어도 고전 이론에 따르면 밖의 세계에서 발생하는 일에는 영향을 끼치지 않을 것이다.

그러나 내가 다음 강의에서 보이듯이, 양자론에는 예측 불가
능성이 있다. 이는 단지 거칠게 만들어낸 결과가 아닌 고유의 엔
트로피를 중력장이 가질 수 있다는 사실과 관련이 있다. 중력 엔
트로피(제3장)와, 시간이 시작과 끝이 있다는 사실(제5장)은 나의
다음 강의의 두 가지 주제이다. 왜냐하면 그것들은 중력이 다른
물리적인 힘들과 비교하여 뚜렷이 다름을 보여주기 때문이다.

중력이 엔트로피처럼 행동하는 물리량을 가진다는 사실은 순
수한 고전이론에서 먼저 인지되었다. 그것은 펜로즈의 우주검열
가설과 관계 있다. 이것이 증명되지는 않았지만 적당하게 일반
적인 초기 데이터와 상태 방정식에 대해서는 사실이라고 믿어지
고 있다. 나는 우주검열 가설의 약한 꼴을 사용하겠다. 붕괴하는
별 주위는 점근적으로 평탄하다고 본다. 그러면 펜로즈가 보인
것처럼, 시공 다양체 M을 경계가 있는 다양체인 $\bar{M}$으로 등각적
으로 끼워넣을 수 있다(그림 1.15). 경계 ∂M은 빛방향 면이며 $\mathcal{I}^+$
와 $\mathcal{I}^-$라고 하는 미래 빛방향 무한대(future null infinity)와 과거
빛방향 무한대(past null infinity)의 두 성분으로 이루어질 것이다.
다음의 두 조건이 만족된다면 약한 우주검열이 성립한다고 말하

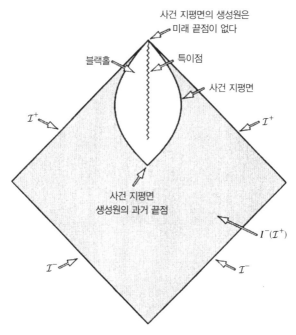

사건 지평면의 생성원은
미래 끝점이 없다

블랙홀

특이점

사건 지평면

$\mathcal{I}^+$

$\mathcal{I}^+$

사건 지평면
생성원의 과거 끝점

$I^-(\mathcal{I}^+)$

$\mathcal{I}^-$

$\mathcal{I}^-$

그림 1.15 붕괴하는 별은 경계가 있는 한 다양체로 등각적으로 끼워넣을 수 있다.

겠다. 먼저 $\mathcal{I}^+$의 빛방향 측지선 생성원이 어떤 등각계량에서 완전하다고 가정한다. 이것은 중력붕괴하는 곳에서 멀리 떨어진 관측자가 붕괴하는 별로부터 나오는 벼락같은 특이점에 의해서 씻겨버리지 않고 아주 오래 살 수 있음을 의미한다. 둘째로는 $\mathcal{I}^+$의 과거가 대역적 쌍곡선성임을 가정한다. 이는 멀리서 보이는 볼 수 있는 특이점이 없음을 의미한다. 펜로즈는 모든 시공간이 대역적 쌍곡선성임을 가정하는 조금 더 강한 우주검열의 꼴을 생각하고 있다. 그러나 나의 목적에 부합되는 것은 오히려 약한 우주검열 가설일 것이다.

약한 우주검열

1. $\mathcal{I}^+$와 $\mathcal{I}^-$는 완전하다.
2. $I^-(\mathcal{I}^+)$는 대역적 쌍곡선성이다.

만약 약한 우주검열이 성립한다면, 중력 붕괴 때에 나타나게 되는 특이점들을 $\mathcal{I}^+$에서 볼 수 없다. 이는 $\mathcal{I}^+$의 과거에 존재하지 않은 시공간의 한 부분이 있어야 함을 의미한다. 이 영역을 블랙홀이라고 부르는데, 빛이나 다른 아무것도 그것으로부터 무한대로 탈출할 수 없기 때문이다. 블랙홀 영역의 경계를 **사건 지평면**(event horizon)이라고 부른다. 그것은 $\mathcal{I}^+$의 과거의 경계도 되므로 사건 지평면은 과거 끝점은 있으나 미래 끝점이 없는 빛 방향 측지선 조각에 의해서 생성될 것이다. 따라서 약한 에너지 조건이 성립하면, 지평면의 생성원이 수렴할 수 없으리라는 결과가 된다. 왜냐하면 그들이 수렴한다면 유한한 거리에서 다른 것들과 만날 것이기 때문이다.

이는 사건 지평면의 단면적이 절대로 시간에 따라 감소하지 않고 일반적으로 증가하리라는 것을 의미한다. 더 나아가, 두 개의 블랙홀이 충돌하여 하나로 합쳐진다면, 그 블랙홀 면적은 원래의 블랙홀 면적보다 더 커질 것이다(그림 1.16). 이것은 열역학

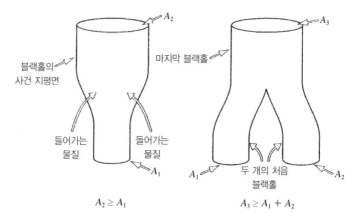

블랙홀의 사건 지평면

마지막 블랙홀

A_2

A_3

들어가는 물질

들어가는 물질

A_1

두 개의 처음 블랙홀

A_1

A_2

$A_2 \geq A_1$

$A_3 \geq A_1 + A_2$

그림 1.16 블랙홀에 물질을 집어던지거나 두 블랙홀이 서로 합치도록 하면, 사건 지평면의 총면적은 절대로 줄지 않는다.

제2법칙을 따르는 엔트로피와 성질이 비슷하다. 엔트로피는 절대로 감소하지 않으며 총 계(系, system)의 엔트로피는 각 부분의 엔트로피의 합보다 더 크다.

블랙홀 역학 제2법칙

$$\delta A \geq 0$$

열역학 제2법칙

$$\delta S \geq 0$$

블랙홀 역학 제1법칙

$$\delta E = \frac{\kappa}{8\pi}\delta A + \Omega\delta J + \Phi\delta Q$$

열역학 제1법칙

$$\delta E = T\delta S + P\delta V$$

또한 **블랙홀 역학 제1법칙**이라는 것 때문에 블랙홀이 열역학과 더 비슷해진다. 이것은 블랙홀 질량의 변화에 사건 지평면 면적의 변화, 각 운동량의 변화, 전하의 변화를 관련짓고 있다. 이것을 내부 에너지 변화를 엔트로피의 변화와 계 외부로 해준 일로 표현하는 열역학 제1법칙과 비교할 수 있다. 만일 사건 지평면의 면적이 엔트로피와 유사하다면 온도와 유사한 양은 블랙홀의 표면중력(surface gravity) κ라고 부르는 것임을 알 수 있다. 이 표면중력은 사건 지평면 위에서 중력장의 세기를 나타내는 양이다. 게다가 소위 **블랙홀 역학 제0법칙**으로 인해 열역학과 더 비슷하다. 그 블랙홀 역학 제0법칙은 표면중력이 시간과 무관한 블랙홀의 사건 지평면 위의 어느 곳에서나 같다는 뜻이다.

이러한 유사성에 고무되어서 베켄슈타인은 1972년에 사건 지평면 면적에 얼마를 곱한 것이 실제로 블랙홀의 엔트로피라고 제의했다. 그는 일반화된 제2법칙을 제안했다. 그것은 블랙홀의

블랙홀 역학 제0법칙

κ는 시간과 무관한 블랙홀의 지평면 위의 어느 곳에서나 같다.

열역학 제0법칙

열적 평형 상태에 있는 계의 어느 곳에서나 T는 같다.

일반화된 제2법칙

$$\delta(S + cA) \geq 0$$

엔트로피와 블랙홀 밖의 물질의 엔트로피의 합은 절대로 감소하지 않는다는 것이다.

그러나 이 제안은 완벽하지는 못했다. 블랙홀이 지평면 면적과 비례하는 엔트로피를 가진다면, 블랙홀의 온도는 표면중력에 비례하므로 0이 아니다. 자신의 온도보다 낮은 열적 복사와 접촉하고 있는 블랙홀을 생각하자(그림 1.17). 고전 이론에 따르면 블랙홀의 밖으로는 아무것도 나갈 수 없기 때문에 그 블랙홀은 복사의 일부를 흡수하며 아무것도 밖으로 내보낼 수 없을 것이다. 이것은 낮은 온도의 열적 복사로부터 높은 온도의 블랙홀로의 열 흐름이 있다는 것을 의미한다. 열적 복사로부터의 엔트로

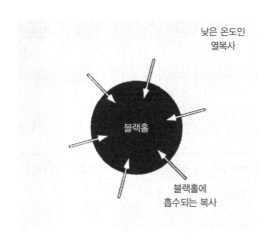

낮은 온도인
열복사

블랙홀

블랙홀에
흡수되는 복사

그림 1.17   열복사와 접촉하고 있는 블랙홀은 복사 일부를 흡수하겠지만, 고전적으로
는 아무것도 내보낼 수 없다.

피 손실이 블랙홀의 엔트로피 증가보다 더 크기 때문에, 일반화
된 제2법칙에 위배되는 것이다. 그러나 나의 다음 강의(제3장)에
서 보이듯이, 블랙홀이 정확히 열적 복사를 내보낸다는 것이 발
견되어 이 문제가 해결되었다. 이것은 결과가 아주 같거나 거의
일치하므로 너무 멋지다. 그래서 블랙홀은 실제로 고유의 중력
엔트로피를 가지는 것 같다. 앞으로 보겠지만, 이것은 블랙홀의
자명하지 않은 토폴로지(nontrivial topology)와 관련이 있다. 이
고유의 엔트로피는 중력이 양자론의 불확정성을 넘어서는 수준
의 예측 불가능성을 도입했음을 의미한다. 그래서 나는 아인슈
타인이 "신은 주사위 놀이를 하지 않는다"라고 한 것은 틀리다고
본다. 블랙홀을 생각해보면 신은 주사위 놀이를 할 뿐만 아니라

그림 1.18

우리가 볼 수 없는 곳에 주사위를 던져서 때때로 우리를 혼란스럽게 한다(그림 1.18).

제2장

시공간 특이점의 구조

• 로저 펜로즈 •

호킹이 지난 첫 강의에서 특이점 정리를 논의했다. 이 정리에서 기본적인 내용은 합리적인(대역적인) 물리 조건하에서는 특이점 이 반드시 존재해야 한다는 것이다. 그 정리들은 특이점의 본질 이나 특이점이 발견되어야 할 장소에 관해서는 아무 말도 하지 않는다. 반면에 그 정리들은 매우 일반적이다. 그래서 자연스럽 게 나와야 하는 질문은 한 시공간에서 특이점의 기하학적 본질 이 무엇이냐는 것이다. 때때로 특이점의 특성은 곡률이 발산하 는 것이라고 가정된다. 그러나 이것은 특이점 정리 자체가 명확 히 의미하는 것이 아니다.

특이점은 빅뱅, 블랙홀, 빅 크런치(big crunch: 블랙홀들이 합쳐 지는 것으로도 간주될 수 있다) 등에서 발생한다. 그들은 볼 수 있는 특이점으로 나타날지도 모른다. 이 의문에 관해서는 **우주검열**, 즉 이러한 볼 수 있는 특이점들이 발생하지 않으리라는 가설이 있다.

우주검열의 아이디어를 설명하기 위해서 그 역사를 잠깐 살펴보자. 블랙홀을 설명하는 아인슈타인 방정식의 해의 분명한 예는 1939년의 오펜하이머와 스나이더의 중력으로 수축하는 먼지 구름이었다. 내부에 특이점이 있으나 사건 지평면에 가려져 있으므로 밖에서는 보이지 않는다. 이 지평면은 내부의 사건들이 밖으로 신호를 보낼 수 없는 경계선이다. 그때는 이 상황이 포괄적이고 일반적인 중력 붕괴를 의미한다고 믿는 경향이 있었다. 그러나 오펜하이머와 스나이더 모형은 구대칭인 특수한 대칭을 이루고 있으며 그것이 진정 모든 것을 대표하는지는 분명하지 않았다.

아인슈타인 방정식은 일반적으로 풀기 어렵기 때문에 학자들은 대신 특이점의 존재를 의미하는 대역적인 성질을 연구한다. 예를 들면 오펜하이머와 스나이더 모형에는 올가미 면이 있다. 처음에 그 면에 수직인 광선을 따라가면 광선에 수직인 면의 면적이 줄어든다(그림 2.1).

올가미 면의 존재가 특이점이 있어야 함을 의미한다는 것을 보여주기 위해서 사람들은 노력했다. (이것이 구대칭 가정 없이 합리적인 인과율만 가정하고 내가 만들 수 있었던 첫 특이점 정

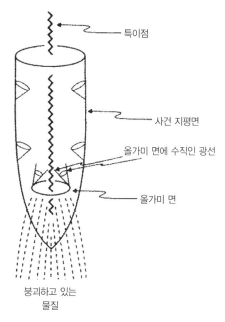

특이점

사건 지평면

올가미 면에 수직인 광선

올가미 면

붕괴하고 있는
물질

그림 2.1 오펜하이머와 스나이더의 수축하는 먼지구름. 올가미 면을 보여준다.

리였다. 1965년에 쓴 펜로즈의 논문 참조) 수렴하는 빛원뿔의
존재를 가정함으로써 비슷한 결과를 유도할 수도 있다(1970년
에 쓴 호킹과 펜로즈의 논문 참조. 한 점에서 다른 방향으로 방
출되는 모든 광선이 나중에 서로 수렴하기 시작할 때에 이런 일
이 생긴다).

  스티븐 호킹(1965년)은 우주의 규모에서 나의 원래 주장을 거
꾸로, 즉 시간이 역전된 상황에 적용할 수도 있다고 아주 일찍이
생각했다. 시간이 역전된 올가미 면은 과거에 (적당한 인과율을
가정하면서) 특이점이 있었다는 것을 의미한다. 지금은, 그 (시간

이 역전된) 올가미 면은 우주의 규모에서는 매우 크다.

우리는 이제 블랙홀의 상황을 분석하려고 한다. 우리는 어딘가에 이 특이점이 있어야 한다는 것을 알고 있으나 블랙홀을 얻기 위하여 그것이 사건 지평면에 의해서 둘러싸여 있음을 보여야 한다. 우주검열 가설은 근본적으로 밖에서 특이점 자체를 볼 수 없음을 말한다. 이는 특히 외부로 멀리 신호를 보낼 수 없는 지역이 있음을 의미한다. 이 지역의 경계가 사건 지평면이다. 사건 지평면이 미래 빛방향 무한대($\mathcal{I}^+$)의 과거의 경계이므로, 스티븐이 지난 강의에서 소개한 한 정리를 역시 적용할 수 있다. 따라서 우리는 이 경계가 다음과 같은 성질이 있음을 알 수 있다.

- 빛 측지선에 의해서 생성되고 부드러운 빛방향의 면이어야 하며,
- 부드럽지 않는 곳에 있는 각 점으로부터 시작된 미래 끝이 없는 빛방향 측지선을 포함하고,
- 공간단면의 면적은 시간이 흐를수록 점차로 줄어들 수 없다.

사실상 그러한 시공간은 시간이 충분히 지나면 점근적으로 커(Kerr) 시공간이 되는 것을 보여주고 있다(1967년에 이즈리얼, 1971년에 카터, 1975년에 로빈슨, 1972년에 호킹이 쓴 논문 참

조). 커 계량은 진공의 아인슈타인 방정식에 대한 아주 훌륭하고
도 정확한 풀이로서 매우 놀랄 만한 결과이다. 이 주장은 아주
작은 블랙홀 엔트로피의 현안과 역시 관계가 있고 나도 실제로
다음 강의(제4장)에서 이 문제를 취급하겠다.

따라서 우리는 실제로는 오펜하이머와 스나이더 해에 대해서
정성적으로 비슷한 결과를 얻게 된다. 상대적으로 작은 약간의
수정 — 즉, 슈바르츠실트(Schwarzschild) 해 대신 커 해로 끝을
맺는 것 — 이 되었으나 근본적인 상황은 비슷하다.

그러나 우리는 우주검열 가설에 근거를 두고 정밀하게 주장하
고 있다. 사실상 전체의 이론이 우주검열 가설에 따라가야 하므
로 매우 중요하다. 그리고 이 가설이 없으면 블랙홀 대신 무시무
시한 것들을 보게 될지도 모른다. 그래서 우리는 그것이 사실인
지 아닌지 스스로에게 진심으로 물어보아야 한다. 아주 오래 전
에 나는 이 가설이 틀릴지도 모른다고 생각했으며 반대의 예들
을 찾으려고 다각적으로 시도했다. (스티븐 호킹은 한때 우주검
열 가설에 대한 가장 확실하게 타당한 사실 중의 하나는 내가 그
것이 틀리다는 것을 증명하려고 애썼으나 실패했다는 것이라고
주장했다. 그러나 나는 이 주장은 매우 약하다고 생각한다.)

나는 시공간의 **이상적인** 점들에 관한 아이디어에 따라 우주검
열을 논의하고 싶다. (이 개념들은 1971년에 자이페르트, 1972
년에 게로치, 크론하이머, 펜로즈가 쓴 논문에 자세히 소개되어

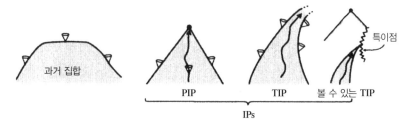

그림 2.2 과거 집합, PIP, TIP.

있다.) 기본 아이디어는 실제의 "특이점들"과 "무한대 있는 점들"
을, 즉 **이상적인 점들**을 시공간에 합병시켜야 한다는 것이다. 먼
저 IP, 즉 **나눌 수 없는 과거 집합**(indecomposable past-set)의 개념
을 도입하자. 여기에서 "과거 집합"이란 자체의 과거를 포함하는
집합이고 "나눌 수 없다"는 의미는 둘 다 서로 다른 집합을 포
함하지 않는 두 과거 집합으로 나눌 수 없음을 의미한다. 어느
IP든 어떤 시간방향 곡선의 과거로서 기술할 수 있음을 말해주
는 정리가 있다(그림 2.2).

IP에는 두 가지 범주, 즉 PIP와 TIP가 있다. PIP는 **적당한**
(proper) IP, 즉 한 시공간에 있는 점의 과거이다. TIP는 **마지막**
(terminal) IP, 즉 시공간에서 실제로 있는 점의 과거가 아니다.
TIP는 미래의 이상적인 점들(즉, 무한대에 있는 점이나 특이점/
역주)을 정의한다. 더 나아가 우리는 이 이상적인 점이 "무한대"
에 있는지(이 경우에는 IP를 생성하는 시간방향 곡선의 고유 길
이가 무한히 길다. 이를 ∞-TIP라고 하자), **특이점**인지(특이한

TIP라고 하자)에 따라 TIP를 구별할 수 있다. 모든 이러한 개념들은 과거의 집합 대신에 미래의 집합에도 비슷하게 적용할 수 있다. 이 경우에 IF(나눌 수 없는 미래)라고 하고, 이는 PIF와 TIF로 나뉜다. TIF는 ∞-TIF와 특이한 TIF로 다시 나뉜다. 사실상 이 모든 경우에서 닫힌 시간방향 곡선이 없다고 가정 — 실제적으로 겨우 더 약한 조건: 어떤 두 점도 같은 미래나 같은 과거를 가지지 않는다 — 해야 한다고 말한다.

어떻게 볼 수 있는 특이점과 우주검열 가설을 이 틀 안에서 설명할 수 있을까? 무엇보다도 우주검열 가설은 빅뱅을 배제하지 않아야 한다. 그렇지 않으면 우주론자들은 커다란 어려움에 봉착하게 된다. 지금은 모든 것들이 빅뱅으로부터 나오고 있으며 그곳으로 다시 가지는 않는다. 따라서 시간방향 곡선이 들어가고 또 나올 수 있는 어떤 곳으로, 볼 수 있는 특이점을 정의하게 한다. 그러면 빅뱅 문제는 자동적으로 해결된다. 그것은 **볼 수 있는** 특이점으로 간주되지는 않는다. 이 틀에서는 PIP에 포함된 TIP를 볼 수 있는 TIP(또는 특이한 TIP)로 정의할 수 있다. 이것은 근본적으로 국소적인 정의로서, 즉 무한대에 관측자가 없어도 된다. 이 정의(볼 수 있는 TIF의 배제)에서 "과거"를 "미래"로 대치한다면, 볼 수 있는 TIP를 배제하는 것이 한 시공간에서 같은 조건이라는 것은 증명되었다(1979년에 쓴 펜로즈의 논문 참조). 그러면 볼 수 있는 TIP(또는 TIF)들이 일반적인 시공간에서 발생하지 않는다는 가설을 **강한 우주검열** 가설이라고 부른다. 그것의 직관적인 의미는 특이점(또는 무한대에 있는 점; 이 문제에서는 TIP이다)이 어떤 유한한 점(이 문제에서는 PIP의 정점[vertex]이다)에서 "볼 수 있는" 방법으로 시공간의 가운데에서 단순히 "나타날" 수는 없다는 것이다. 주어진 시공간에서 거기에는 무한대가 실제로 있을지 모르므로 관측자가 무한대에 있을 필요가 없는 것은 의미가 있다. 더 나아가, 강한 우주검열 가설이 성립하지 않는다면 유한한 시간 내에 한 입자가 특이점(물리법칙이 성립하지 않는 곳)으로 실제 떨어지는 것을, 또는 무한대로 가는 것을(이 경우는 나쁜 것 같다) 관측할 수 있다. 우리는 PIP를 ∞-TIP로 대체함으로써 이러한 언어로 **약한 우주검열** 가설을 나타낼 수 있다.

강한 우주검열 가설은, 합리적인 상태방정식을 만족하는 (예를 들면 진공) 물질이 있는 일반적인 시공간이 볼 수 있는 특이점(볼 수 있는 특이한 TIP)으로부터 자유로운 시공간으로 확대될 수 있음을 의미한다. 볼 수 있는 TIP를 배제한다는 것이 대역적 쌍곡선성과 동일하다는 것이 펜로즈(1979년)에 의해서 증명되었고 그 시공간이 어떤 코시 면의 종속영역의 전부라는 것도 증명되었다(1970년에 쓴 게로치의 논문 참조). 또한 우주검열의 이 공식은 분명히 시간에 대해서 대칭임을 주의하자. IP와 IF를 바꾼다면 과거와 미래를 바꿀 수 있다.

일반적으로 **벼락**을 배제할 추가조건이 필요하다. 우리는 보통의 벼락처럼 시공간을 부수며 빛방향 무한대에 도착하는 특이점을 벼락으로 생각한다(1978년에 쓴 펜로즈의 논문에서 그림 7을 참조). 앞에서 언급한 대로 우주검열을 위반할 필요는 없다. 이것을 다룰 우주검열의 조금 더 강한 판이 존재한다(1978년에 쓴 펜로즈의 논문에서 조건 CC4 참조).

우주검열이 맞는지에 대한 질문으로 돌아가자. 무엇보다도, 양자 중력 이론으로는 그것은 틀릴지도 모른다는 점에 주의하자. 특별히 폭발하는 블랙홀(스티븐 호킹이 나중에 설명할 것이다)은 우주검열이 위반되어야 할 상황을 만들 것이다.

고전 일반 상대성 이론에서는 양쪽 방향으로 여러 가지 결과들이 나온다. 우주검열을 반박할 하나의 시도로서 나는 우주검열이 맞다면 성립해야 할 몇 가지 부등식들을 유도했다(1973년에 쓴 펜로즈의 논문 참조). 사실 그것들은 맞다는 것으로 판명되었고(1972년에 쓴 기번스의 논문), 우주검열 같은 것이 성립해야 할 아이디어를 지지해주는 듯싶다. 부정적인 측면에서는 몇 가지 특별한 예(그러나 그것은 일반조건을 위반할 것이다)와 여러 가지 반대를 따르는 몇몇 수치적인 증거가 있다. 더 나아가 만일 우주상수가 양수(陽數)라면 앞에서 말한 몇 가지 부등식이 성립하지 않는다 ― 사실, 게리 호로비츠가 어제 나에게 그것에 관해서 언급했다 ― 고 내가 아주 최근에 배운 징후도 있기는 하

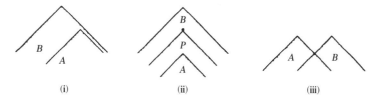

그림 2.3 IP들 사이의 인과관계: (i) A는 B를 인과적으로 앞선다. (ii) A는 B를 시간 순서적으로 앞선다. (iii) A와 B는 공간방향으로 떨어져 있다.

다. 개인적으로는 우주상수가 0이어야 한다고 믿으나, 우주상수가 존재한다면, 즉 양수라면 우주검열 문제는 매우 흥미로울 것이다. 특히, 특이점의 성질과 무한대의 성질 사이에는 호기심을 자아내는 관계가 있을 것이다. 우주상수가 양수라면 무한대는 공간방향이나, 우주상수가 없다면 무한대는 빛방향이다. 이와 마찬가지로 우주상수가 양수라면 특이점은 때때로 시간방향(볼 수 있음을 의미하며 우주검열을 위반한다)이라고 증명되었으나, 우주상수가 0이라면 특이점은 아마도 시간방향이 아닐 수 있다(우주검열을 만족한다).

특이점의 시간방향이나 공간방향 성질을 논의하기 위하여 IP들 사이의 인과관계를 설명하겠다. 점들 사이의 인과관계를 일반화하여, $A \subset B$라면 IP A가 IP B를 인과적으로 앞선다고 말할 수 있고, $A \subset P \subset B$인 PIP P가 있다면 A가 시간순서적으로 B를 앞선다고 말할 수 있다. 아무도 다른 것을 앞서지 않는다면, A와 B는 공간적으로 떨어져 있다고 말한다(그림 2.3).

그래서 강한 우주검열은 일반적인 특이점이 절대로 시간방향이 아니라고 말하는 것으로 표현될 수 있다. 공간방향 (또는 빛방향) 특이점은 과거의 형태 혹은 미래의 형태가 될 수 있다. 그러므로 강한 우주검열이 성립한다면, 특이점은 다음의 두 가지 종류로 분류된다.

(P) TIF들로 정의된 과거 형태.
(F) TIP들로 정의된 미래 형태.

볼 수 있는 특이점들은 동시에 TIP와 TIF가 되는 것으로서, 두 가능성들은 하나로 통일될 수 있다. 따라서 이러한 종류들로 나뉘는 것은 진정으로 우주검열의 결과이다. (F) 종류의 전형적인 예는 블랙홀과 (존재한다면) 빅 크런치 내에 있는 특이점이고, (P) 종류의 예는 빅뱅과 (존재한다면) 화이트홀도 가능하다. 나는 (마지막 강의에서 언급하게 될 이념적 이유 때문에) 빅 크런치가 발생할 가능성을 믿지 않는다. 그리고 나는 화이트홀이 열역학 제2법칙을 따르지 않으므로 전혀 믿지 않는다.

아마도 특이점의 두 형태는 완전히 다른 법칙을 만족할 것이다. 아마도 그들에 대한 양자 중력 법칙은 실제로 아주 다를 것이다. 스티븐 호킹은 여기에서 나와 동의하지 않는다고 생각한다. [이때 호킹은 "그렇다"고 대답했다.] 그러나 나는 이 제안에 대한 증거로 다음을 고려하겠다.

(1) 열역학 제2법칙.

(2) 우주가 매우 균질했음을 말해주는 초기 우주의 관찰(예를 들면 COBE 위성 관측 결과).

(3) 블랙홀의 존재(간접적으로 관측된).

우리는 (1)과 (2)에서 빅뱅 특이점이 극히 균질했다고 주장할 수 있으며 (화이트홀은 열역학 제2법칙을 극히 만족시키지 않으므로) 화이트홀은 없다고 주장할 수 있다. 그래서 블랙홀 (3)의 특이점에 대해서는 아주 다른 법칙들이 성립해야 한다. 이 차이를 좀더 자세히 기술하면, 시공간의 곡률은 리만(Riemann) 텐서 R_{abcd} 로 기술되며 이는 바일(Weyl) 텐서 C_{abcd}(1차 근사로 부피가 보존되는 조수력의 뒤틀림을 기술한다)와 리치(Ricci) 텐서 R_{ab}(곱하기 g_{cd}이다. 이때 g_{cd}는 계량 텐서이며 이들의 지표는 적당히 섞어놓아야 한다. 이것은 부피가 감소하는 뒤틀림을 기술한다)의 합이다(그림 2.4).

표준 우주모형(프리드만, 르메트르, 로버트슨, 워커의 모형이다. 예를 들면 1977년에 린들러가 쓴 책을 참조)에서는, 빅뱅에는 바일 텐서가 없다(이에 대한 역도 있다. 뉴먼이 증명했는데 바일 텐서가 없이 등각적으로 정칙인 꼴의 초기 특이점이 있는

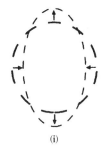 

(i)   (ii)

그림 2.4　시공간 곡률의 가속도 효과: (i) 바일 곡률에 의한 조수력 뒤틀림. (ii) 리치 곡률에 의한 부피 감소 효과.

우주는 적당한 상태방정식이 성립한다면 FLRW 우주[표준 우주 모형]여야 한다. 1993년에 쓴 뉴먼의 논문 참조). 반면에 블랙 홀/화이트홀 특이점은 (일반적인 경우에) 발산하는 바일 텐서를 가지고 있다. 따라서 이것은 다음과 같은 것들을 제안하고 있다.

바일 곡률 가설

- 초기 형태(P)의 특이점에는 바일 텐서가 없는 것으로 제한 되었고,
- 말기 형태(F)의 특이점에는 제한이 없다.

이것은 우리가 보는 것과 아주 일치한다. 닫힌 우주라면 말기 의 특이점(빅 크런치)은 발산하는 바일 텐서를 가질 것이고, 열린 우주에서 생성된 블랙홀도 역시 발산하는 바일 텐서를 가질 것 이다(그림 2.5).

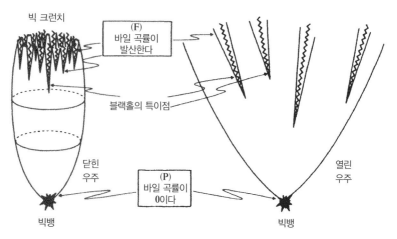

그림 2.5 바일 곡률 가설: 초기 특이점(빅뱅)에는 바일 곡률이 0이지만 말기 특이점
에는 바일 곡률이 무한히 발산하게 될 것이다.

이 가설을 지지하는 또다른 증거는 초기 우주에 아주 부드럽고
화이트홀이 없다고 제한하면 초기 우주에서 위상공간(phase-space)
이 적어도

$$10^{10^{123}}$$

만큼 줄어든다는 사실이다. 이 숫자는 10^{80}개의 중입자로 이루어
진 블랙홀이 가질 수 있는 위상공간의 부피이다. 이 사실은 베켄
슈타인-호킹 블랙홀 엔트로피 공식(1972년에 베켄슈타인, 1975
년에 호킹이 쓴 논문)과 우주가 이보다 훨씬 더 많은 물질을 가
졌다는 데에서 기인한다.

그래서 이것이 일어나지 않도록 만드는 법칙이 있어야 한다.

바일 곡률 가설은 이러한 종류의 법칙을 제공하고 있다.

질문과 답

질문: 양자 중력이 특이점을 없앤다고 생각하는가?

답: 나는 아주 그럴 것이라고 생각하지는 않는다. 만일 그렇다면, 빅뱅은 앞선 수축되고 있는 상태로부터 나왔을 것이다. 앞선 상태가 어떻게 해서 그렇게 낮은 엔트로피를 가져야 하는지 질문해야 한다. 이는 제2법칙을 설명하게 되는 좋은 기회를 희생시켜야 한다. 더 나아가, 수축하는 특이점과 팽창하는 우주는 어느 정도 함께 결합되었으나 매우 다른 기하구조를 가지는 것 같다. 진정한 양자 중력 이론은 우리의 시공간에 대한 개념을 특이점에서 바꾸어버릴 것이다. 그것은 고전 이론에서 소위 특이점이라고 하는 것에 관해서 설명하는 명백한 방법을 제시할 것이다. 그것은 단순히 특이하지 않은 시공간이라기보다는 아주 다른 어떤 것이다.

제3장

양자 블랙홀

• 스티븐 호킹 •

나는 이 두 번째 강의에서 블랙홀의 양자론에 관하여 설명할 것이다. 그것은 양자역학의 불확정성을 넘는 새로운 수준의 예측불가능성으로 우리를 이끌 것이다. 그 이유는, 블랙홀은 고유 엔트로피가 있으며 우주의 우리 영역에서 정보를 잃어버리기 때문이다. 이러한 주장들은 논쟁의 여지가 있다고 하겠다. 양자 중력에 대해서 연구하는 많은 사람들은(입자물리학에서 양자 중력으로 접근하는 모든 사람들을 포함하여) 한 계(系)의 양자 상태에 관한 정보가 분실될 수 있으리라는 아이디어를 본능적으로 거부하려고 한다. 그러나 블랙홀에서 정보를 빼낼 수 있는 방법을 알아내는 데에 성공한 사람은 거의 없다. 바로 그들이 가졌던 선입견에 반해서 블랙홀이 흑체처럼 복사하는 것을 받아들여야 했던 것처럼, 결국 그들은 정보가 분실되리라는 나의 제안을 받아들일 것이라고 믿는다.

블랙홀의 고전 이론에 대해서 복습하면서 이 강의를 시작하겠다. 지난 강의에서 적어도 정상적인 상황에서는 중력은 항상 인력이라는 것을 알았다. 만일 중력이 전기력처럼 한때는 인력이고 또다른 때는 척력이라면, 그것이 전기력에 비하여 10^{40}배 정도 더 약하기 때문에 전혀 알아차리지 못할 것이다. 그러나 우리나 지구같이 거시적인 두 물체의 입자들 사이의 중력이 우리가 느낄 수 있도록 합쳐지는 것은 중력이 항상 같은 부호(즉, 항상 인력이다/역주)를 가지기 때문이다.

중력이 인력이라는 의미는 별이나 은하 같은 물체를 형성하도록 우주의 물질들이 서로 끌어당기는 경향이 있다는 것이다. 별의 경우에는 열의 압력에 의해서 더 크게 팽창하려는 것에 대해서, 은하의 경우에는 회전이나 내부의 운동으로 팽창하려는 것에 대해서 잠시만 버틸 수 있다. 그러나 결국 열이나 각운동량은 날아가버리고 그 물체는 줄어들기 시작할 것이다. 만일 질량이 태양의 거의 1배 반 정도보다 작으면 전자와 중성자가 수축하려는 것을 겹침 압력으로 멈추게 할 수 있다. 그 물체는 각각 백색왜성이나 중성자 별로 정착될 것이다. 그러나 그 질량이 이 한계(태양의 1배 반)보다 크면, 그것의 수축을 멈추게 하는 것이 아무것도 없게 된다. 한번 어떤 임계 크기로 줄어들기만

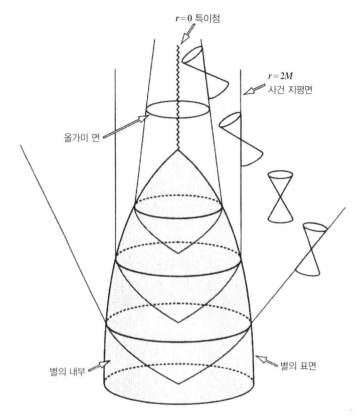

그림 3.1 별이 붕괴하여 블랙홀을 형성하는 시공간 그림. 사건 지평면과 닫힌 올가미 면이 있다.

하면 그 표면에서의 중력장은 너무 강해서 빛원뿔까지도 그림 3.1처럼 안으로 구부러지게 된다. 나는 여러분에게 이것을 4차원 그림으로 보여주고 싶다. 그러나 정부 예산 삭감으로 인하여 케임브리지 대학으로서는 겨우 2차원 스크린만 제공할 수 있을 뿐이다. 그래서 나는 시간을 수직방향으로 보여줄 것이며 원근법을 사용하여 2차원 또는 3차원 공간방향만 보여주겠다. 밖으로 나가는 광선들조차도 서로를 향하여 휘어 있어서 발산하기보다 수렴하는 것을 볼 수 있다. 이는 닫힌 올가미 면이 있다는 의미인데, 호킹-펜로즈 정리에서 또다른 세 번째 조건들 중의 하나이다.

만약 우주검열 가설이 맞다면, 그것이 예측하는 올가미 면과 특이점을 멀리 밖에서 볼 수 없다. 그래서 무한히 도망쳐 나올 수 없는 시공간의 영역이 있어야 한다. 이 영역을 블랙홀이라고 부른다. 그 경계를 사건 지평면이라고 부르는데, 그것은 무한대로 겨우 빠져나오는 데에 실패한 광선들로 형성된 빛방향의 면이다. 지난 강의에서 보았듯이 사건 지평면의 단면적은 적어도 고전 이론에서는 절대로 줄어들 수 없다. 이러한 사실과 함께, 구형 붕괴의 섭동 계산을 해보면, 블랙홀은 정상 상태로 정착하게 된다. 이즈리얼, 카터, 로빈슨과 내가 공동으로 증명한 털 없음 정리(no hair theorem)는 물질장이 없는 유일한 정상 블랙홀은 커 해라는 것이다. 이 해는 질량 M과 각운동량 J인 두 매개변수로 특징지어진다. 후에 로빈슨은 그 털 없음 정리를 전기장이 있는 경우로 확대했다. 그는 세 번째 매개변수인 전하 Q를 첨가했다(상자 3.A 참조). 그 털 없음 정리는 양-밀즈(Yang-Mills) 장의 경우에는 아직 증명이 되지 않았는데, 앞의 것들과 유일한 차이는 불안정한 풀이의 불연속 가족을 나타내는, 하나 혹은 여러

상자 3.A

털 없음 정리: 정상 블랙홀은 질량 M, 각운동량 J, 전하량 Q로 특징지어진다.

개의 정수들을 추가한 점인 것 같다. 시간과 관련이 없는 아인슈타인-양-밀즈 블랙홀의 연속 자유도가 더 이상 없음을 알 수 있다.

털 없음 정리가 말하는 것은 바로 물체가 수축하여 블랙홀이 형성될 때에 엄청나게 많은 정보를 잃는다는 것이다. 붕괴하는 물체는 아주 많은 수의 매개변수로 서술된다. 거기에는 여러 형태의 물질도 있고 다중극 모멘트(multipole moment)의 형식으로 분포된 물질도 있다. 형성되는 블랙홀은 그 다중극 모멘트 형식 중에서 곧 물질의 꼴과는 완전히 무관한 처음 두 종류의 다중극 모멘트만 남기고, 다른 다중극 모멘트를 빠르게 그리고 완전히 잃게 된다. 그 두 종류의 다중극 모멘트는 바로 단극 모멘트인 질량과 이중극 모멘트인 각운동량이다.

이 정보 소실은 실제로 고전 이론에서는 문제가 되지 않는다. 붕괴하는 물체에 관한 모든 정보는 아직도 블랙홀 내부에 있다고 말할 수 있다. 붕괴하는 물체가 무엇과 닮았는지 블랙홀 외부의 관측자가 결정하기는 매우 어려울 것이다. 그러나 고전 이론에서는 원칙상 그것이 가능하다. 그 관측자는 붕괴하는 물체의 모습을 절대로 잃어버리지 않을 것이다. 대신 그것이 사건 지평면에 접근할수록 아주 느리게 나타날 것이고 점점 희미해질 것이다. 그런데 그 관측자는 그것이 무엇으로 만들어졌으며 질량이 어떻게 분포되어 있는지 여전히 볼 수 있을 것이다. 그러나 양자론에서는 이 모든 것이 변한다. 먼저 그 붕괴하는 물체는 사건 지평면을 지나기 전까지 유한한 수의 광자만 내보낼 것이다. 이것은 붕괴하는 물체에 관한 모든 정보를 운반하기에는 아주 부족하다. 이는 양자론에서는 외부의 관측자가 붕괴하는 물체의 상태를 측정할 수 있는 방법이 없음을 의미한다. 사람들은 이것이 그렇게 큰 문제가 된다고 생각하지 않을지도 모른다. 왜냐하면 외부에서 그 정보를 측정할 수 있다고 하더라도 정보는 아직도 블랙홀 내부에 있기 때문이다. 그러나 이것이 블랙홀에 양자론의 두 번째 효과가 들어온 곳이다. 내가 나중에 보이겠지만 양자론에 의하여 블랙홀은 복사를 하고 질량을 잃는다. 그것들은 내부에 정보를 가지고 결국 완전히 사라지는 듯싶다. 나는 이 정보는 실제로 잃은 것이며 어떠한 형태로든지 다시 돌아오지 않으리라고 주장하겠다. 이 정보의 소실은 양자론의 불확정성을 넘어서는 새로운 수준의 불확정성을 물리학에 도입하는 것이다. 불행하게도 하이젠베르크의 불확정성 원리와는 다르게 이 뛰어넘는 수준은 블랙홀의 경우에 실험적으로 확인하기가 더 어려울 것이다. 그러나 나의 세 번째 강의(제5장)에서 주장하겠지만, 마이크로파 배경에서 교란을 측정할 때에 이미 그것을 측정했을지도 모른다는 의견이 있다.

양자론으로 인해서 블랙홀이 복사한다는 사실은 중력 붕괴로 형성된 블랙홀의 배경에 양자장 이론을 사용함으로써 맨 먼저 발견되었다. 그것이 어떻게 하여 가능했는가를 알려면 보통 펜로즈 도형이라는 것을 사용하면 도움이 된다. 그러나 카터가 처음 그것들을 체계적으로 사용했으므로 펜로즈 자신도 그것들을 카터 도형이라고 부르는 데에 동의하리라고 생각한다. 구형 붕괴의 경우에 시공간은 θ와 φ에 무관하다. 모든 기하는 $r-t$ 평면에서만 생각한다. 임의의 2차원 평면은 평탄한 공간과는 등각관계이므로 $r-t$ 평면에서 빛방향의 선들이 수직선에 대해서 $\pm 45°$로 만든 도형으로 인과구조를 표현할 수 있다.

평탄한 민코프스키 공간부터 시작하자. 그 공간의 카터-펜로

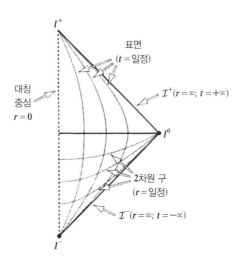

그림 3.2 민코프스키 공간의 카터-펜로즈 도형.

즈 도형은 한쪽 모서리로 서 있는 삼각형이다(그림 3.2). 오른쪽에 있는 두 대각선 변은 나의 첫 강의에서 인용했던 과거 빛방향무한대와 미래 빛방향 무한대에 해당한다. 이것들은 실제로 무한대에 있으나 과거 혹은 미래의 빛방향 무한대에 접근할 때에모든 거리들은 등각인자(conformal factor)로 인하여 수축된다. 이삼각형의 각 점은 반지름이 r인 2차원 구에 해당한다. 왼쪽의 수직선인 $r=0$은 대칭의 중심을 나타내고 도형의 오른쪽은 $r=\infty$로 나타냈다.

민코프스키 공간의 각 점이 미래 빛방향 무한대인 $\mathcal{I}^+$의 과거에 있다는 것은 그 도형으로부터 누구나 알 수 있다. 이는 블랙홀이나 사건 지평면이 없다는 뜻이다. 그러나 한 구형 물체가 수

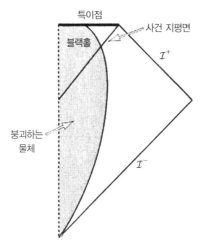

그림 3.3 별이 붕괴되어 블랙홀을 형성하는 경우의 카터-펜로즈 도형.

축한다면 그 도형은 아주 달라진다(그림 3.3). 과거는 민코프스키 공간같이 보이나 미래는 삼각형의 꼭대기가 잘리고 수평 경계선으로 대체되었다. 이것이 호킹-펜로즈의 정리에서 예측되었던 특이점이다. 미래 빛방향 무한대인 $\mathcal{I}^+$의 과거에 있지 않으면서 이 수평선 아래에 있는 점들을 지금 볼 수 있다. 다른 말로 하면, 블랙홀이 있는 것이다. 그 블랙홀의 경계인 사건 지평면은 위의 오른쪽 모서리에서 빛방향으로 아래로 내려 대칭 중심에 해당하는 수직선과 만나는 대각선이다.

　이 배경 위에서 스칼라 장 ϕ를 생각할 수 있다. 시공간이 시간에 무관하면 $\mathcal{I}^-$에 양의 진동수만 포함한 파동방정식의 해는 $\mathcal{I}^+$에서도 역시 양의 진동수일 것이다. 이것은 아무 입자도 생성되

71
\bullet
양자 블랙홀

지 않음을 의미하며 초기에 스칼라 입자가 없으면 $\mathcal{I}^+$로도 나가는 입자가 없음을 의미한다.

그러나 중력이 붕괴되는 동안에 계량이 시간에 따라 변한다고 하자. 그러면 $\mathcal{I}^-$에서 양의 진동수였다가 $\mathcal{I}^+$로 나갈 때에 부분적으로는 음의 진동수인 해를 유발할 것이다. $\mathcal{I}^+$에 시간 종속성 e^{-iwu}를 가지고 $\mathcal{I}^-$로 되돌아 전파하는 파동을 택함으로써 이들이 섞이는 것을 계산할 수 있다. 그것을 계산할 때, 지평면 부근을 지나는 파동의 일부분이 청색으로 심하게 편이됨을 알게 된다. 놀랍게도, 먼 나중에는 그 섞임이 중력 붕괴 때의 자세한 사항들과는 관련이 없다. 그것은 블랙홀의 지평면에서 중력장의 세기를 측정하는 표면중력 κ에만 관계가 있다. 양의 진동수 부분과 음의 진동수 부분이 섞이면 입자가 생성된다.

1973년에 내가 이 효과를 처음 연구했을 때는 중력이 붕괴하는 동안에 빛이 갑자기 터지면서 방출한 다음, 입자의 생성은 멈추고 진짜로 검은 블랙홀만 남아 있으리라고 기대했다. 그러나 놀랍게도, 나는 폭발 이후 붕괴하는 동안에 블랙홀은 정상(定常) 비율로 입자를 생성하고 방출하는 것으로 남아 있음을 알아냈다. 더구나 그 방출 과정은 온도가 $\frac{\kappa}{2\pi}$인 열적 방출 과정과 정확히 일치했다. 이것이 블랙홀이 사건 지평면의 면적과 비례하는 엔트로피를 가졌다는 착상을 하는 데에 필요한 바로 그것이었다. 게다가 비례상수는 플랑크 단위(즉, $G = c = \hbar = 1$)로 $\frac{1}{4}$이었다. 플랑크 면적의 단위가 $10^{-66}\mathrm{cm}^2$이기 때문에, 태양 질량 정도의 블랙홀은 10^{78} 정도의 엔트로피를 가질 것이다. 이는 그것이 만들어질 수 있는 방법이 엄청나게 많이 있음을 반영한다.

블랙홀 열복사

$$온도\ T = \frac{\kappa}{2\pi}$$

$$엔트로피\ S = \frac{1}{4}A$$

내가 블랙홀에서 복사가 나오는 최초의 발견을 했을 때, 약간 번잡한 계산을 통해서 정확히 열적 방출이 된 것은 기적과도 같은 일이었다. 그러나 나는 짐 하틀과 게리 기번스와 공동으로 연구한 결과, 아주 심오한 원리를 발견하게 되었다. 슈바르츠실트 시공간의 예를 들어 그것을 설명하겠다.

슈바르츠실트 계량

$$ds^2 = -\left(1 - \frac{2M}{r}\right)dt^2 + \left(1 - \frac{2M}{r}\right)^{-1} dr^2 + r^2(d\theta^2 + \sin^2\theta d\varphi^2)$$

이것은 회전하지 않을 때에 정착하는 블랙홀의 중력장을 나타낸다. 보통 r과 t 좌표계에서는 슈바르츠실트 반지름 $r=2M$에서

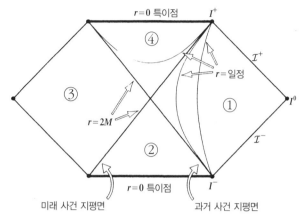

그림 3.4 슈바르츠실트 블랙홀의 카터-펜로즈 도형.

겉보기 특이점이 있다. 그러나 이것은 바로 좌표계를 잘못 선정한 결과에서 기인한 것이다. 계량이 그곳에서 정칙인 다른 좌표계를 선택할 수도 있다.

카터-펜로즈 도형은 위와 아래가 평평한 다이아몬드 꼴이다(그림 3.4). $r=2M$에 있는 두 개의 빛방향 면으로, 네 지역으로 나뉜다. 도형에서 ①로 표시된 오른쪽 지역은 우리가 살고 있으리라고 추측되는 공간인데 점근적으로 평탄하다. 평탄한 시공간(민코프스키 공간)처럼 과거 빛방향 무한대 $\mathcal{I}^-$와 미래 빛방향 무한대 $\mathcal{I}^+$를 가지고 있다. 왼쪽의 다른 점근적인 평탄한 영역 ③은 우리 우주와 웜홀을 통해서만 연결되는 다른 우주에 해당된다. 그러나 우리 영역과는 허수의 시간을 통해서 연결된다. 아래 왼쪽에서부터 위 오른쪽까지의 빛방향 면은 오른쪽 무한대로 탈출할 수 있는 영역의 경계이다. 그래서 그것은 미래의 사건 지평면이고, 그것은 아래 오른쪽에서부터 위 왼쪽까지 가는 과거의 사건 지평면과 구별하기 위해서 추가되는 미래이다.

이제 원래의 r과 t 좌표계의 슈바르츠실트 계량으로 돌아가자. 만일 $t = i\tau$로 놓는다면 양수(陽數)로 한정된 계량을 얻는다. 그러한 양수로 한정된 계량은 휘어졌지만 유클리드 계량이라고 한다. 유클리드–슈바르츠실트 계량에서는 겉보기 특이점이 $r = 2M$에서 다시 나타난다. 그러나 새로운 좌표계 x를 $4M(1 - 2Mr^{-1})^{\frac{1}{2}}$로 정의할 수도 있다.

유클리드–슈바르츠실트 계량

$$ds^2 = x^2 \left(\frac{d\tau}{4M} \right)^2 + \left(\frac{r^2}{4M^2} \right) dx^2 + r^2 (d\theta^2 + \sin^2\theta d\varphi^2)$$

만약 좌표 τ를 주기 $8\pi M$과 같게 하면, $x - \tau$ 평면에서 계량은 극좌표계의 원점과 같아진다. 이와 비슷하게 다른 유클리드 블랙홀 계량은 지평면 위의 겉보기 특이점을 가지는데 허수시간 좌표를 주기 $\frac{2\pi}{\kappa}$와 같게 함으로써 그것을 제거할 수 있다(그림 3.5).

그런데 어떤 주기 β의 허수시간을 가진다는 것이 무슨 의미를 가지는가? 이를 알기 위해서 면 t_1 위의 장 ϕ_1에서 면 t_2 위의 장 ϕ_2로 가는 확률진폭을 생각해보자. 이것은 $e^{-iH(t_2 - t_1)}$의 행렬

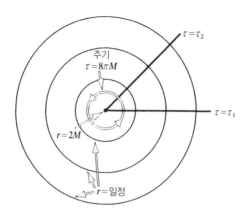

그림 3.5 유클리드-슈바르츠실트 해, τ는 주기적으로 동일하다.

원소(行列元素)로 주어진다. 그러나 이 진폭은 t_1과 t_2 사이의 모든 장 ϕ에 걸친 경로적분으로서 표현할 수도 있다. 이때 두 면 t_1, t_2 위에서 장은 ϕ_1, ϕ_2이다(그림 3.6).

지금 시간간격$(t_2 - t_1)$을 순허수로 하여 β로 놓자(그림 3.7). 처음 장 ϕ_1과 마지막 장 ϕ_2를 같게 하고 상태들의 완전한 기저(basis) ϕ_n 위에서 합친다. 좌변에서 모든 상태 위에 합한 $e^{-\beta H}$의 기댓값을 구한다. 이것이 바로 온도 $T = \beta^{-1}$에서의 열적 분배함수 Z이다.

식의 우변에는 경로적분이 있다. 여기에서 $\phi_1 = \phi_2$라고 하고 모든 장의 배열 ϕ_n에 걸쳐서 합한다. 이것은 유효주기 β를 가지고, 허수시간 방향으로 주기적으로 일치된 시공간에 있는 모든 장 ϕ에 걸쳐서 경로적분을 행하고 있음을 의미한다. 그래서 온

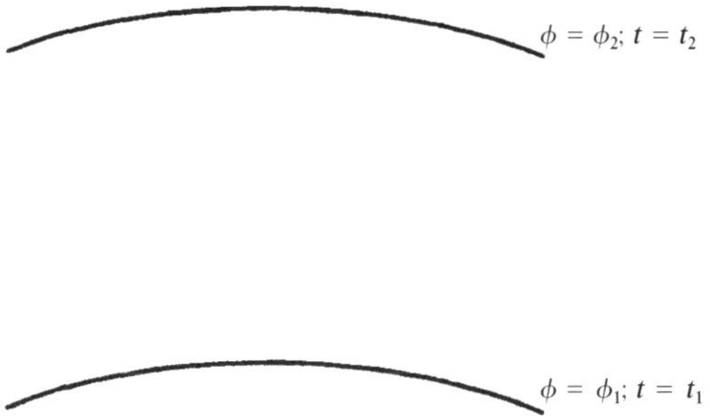

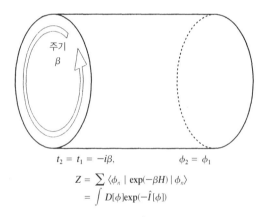

$$\langle \phi_2, t_2 \mid \phi_1, t_1 \rangle = \langle \phi_2 \mid \exp(-iH(t_2 - t_1)) \mid \phi_1 \rangle$$
$$= \int D[\phi]\exp(i\hat{I}[\phi])$$

그림 3.6 t_1에서 ϕ_1인 상태로부터 t_2에서 ϕ_2인 상태로 가는 진폭.

$$t_2 = t_1 = -i\beta, \qquad \phi_2 = \phi_1$$
$$Z = \sum \langle \phi_n \mid \exp(-\beta H) \mid \phi_n \rangle$$
$$= \int D[\phi]\exp(-\hat{I}[\phi])$$

그림 3.7 허수시간 방향으로 주기가 $\beta=T^{-1}$인 유클리드 공간 내의 모든 장에 걸쳐 경로적분함으로써 온도 T에서의 분배함수를 구한다.

도 T에서 장 ϕ에 대한 분배함수는 한 유클리드 시공간에서 모든 장에 걸친 경로적분으로 주어진다. 이 시공간은 주기 $\beta=T^{-1}$을 가지고 허수시간 방향으로 주기적인 시공간이다.

허수시간 방향으로 주기 β를 가지는 평탄한 시공간에서 경로
적분을 행한다면 흑체복사의 분배함수의 경우에 해당하는 보통
의 결과를 얻는다. 그러나 방금 보았던 것처럼, 유클리드-슈바르
츠실트 해도 허수시간으로 주기적이다. 이때 주기는 $\frac{2\pi}{\kappa}$이다. 이
것은 슈바르츠실트 배경 위의 장이 마치 온도가 $\frac{2\pi}{\kappa}$인 열적인 상
태에 있는 것처럼 행동할 것이라는 것을 의미한다.

허수시간에서의 주기성은 번잡한 진동수 혼합 계산으로 정확
히 열적인 복사가 유도되는 이유를 설명한다. 그러나 이 도출 과
정에서는 진동수 혼합 과정에서 나타난 아주 큰 고진동수 문제
를 피했다. 배경 위에서 양자장들 사이의 상호 작용이 있을 때에
도 적용할 수 있다. 경로적분을 주기적인 배경 위에서 수행한다
는 사실은 기댓값 같은 모든 물리적 양들이 열적인 것이라는 것
을 의미한다. 이것을 진동수 혼합 과정에서 완성하기란 매우 어
려웠다.

이러한 상호 작용을 중력장 자신과의 상호 작용을 포함하는
것으로 확장시킬 수 있다. 고전 장 방정식의 해인 유클리드-슈바
르츠실트 계량과 같은 배경계량 g_0으로부터 시작하자. 작용 I를
g_0 부근에서 건드림 δg의 급수로 다음과 같이 전개할 수 있다.

$$I[g] = I[g_0] + I_2(\delta g)^2 + I_3(\delta g)^3 + \cdots\cdots$$

그 배경이 장 방정식의 해이므로 선형항(1차항)은 없어진다. 제곱항은 배경 위에서 중력자를 기술하는 것으로 간주될 수 있으며, 반면에 3차항과 그 이상은 중력자들 사이의 상호 작용을 기술한다. 2차항 위에서의 경로적분은 유한하다. 순수한 중력에서는 두 고리에서 발산하기 때문에 정규화할 수 없다. 그러나 이런 것들은 초중력 이론에서 페르미 입자들과 상쇄된다. 초중력 이론들이 세 고리나 그 이상에서 발산하는지 발산하지 않는지는 알려져 있지 않다. 그것은 아무도 용감하지 못했거나 무모하게 계산해볼 엄두가 나지 않았기 때문이다. 최근의 몇몇 연구에서는 모든 차수에서 유한할지도 모른다는 징후가 나타나고 있다. 그러나 고차의 고리에서 발산하더라도 배경이 플랑크 길이(10^{-33}cm)의 주위에서 휘어졌을 때를 제외하고는 거의 차이가 없을 것이다.

고차항보다 더 흥미로운 것은 0차항이다. 그것은 배경계량 g_0의 작용이다.

$$I = -\frac{1}{16\pi} \int R(-g)^{\frac{1}{2}} d^4x + \frac{1}{8\pi} \int K(\pm h)^{\frac{1}{2}} d^3x$$

보통 일반 상대성 이론의 경우, 아인슈타인-힐베르트 작용은 스칼라 곡률 R의 부피적분이다. 진공 해인 경우에 이것이 0이 되므로 유클리드-슈바르츠실트 해의 작용도 0이라고 생각할지도 모른다. 그러나 작용에서는 표면항도 있는데 그것은 경계면의 두 번째 기본 형태의 트레이스(trace)인 K의 적분에 비례한다. 이것을 포함시키고 평탄한 경우의 표면항을 빼내면, 유클리드-슈바르츠실트 계량의 작용이 $\frac{\beta^2}{16\pi}$임을 알게 된다. 여기서 β는 무한대에서 잰 허수시간의 주기이다. 그래서 분배함수 Z에 대한 경로적분의 주요한 결과는 $e^{\frac{-\beta^2}{16\pi}}$이다.

$$Z = \sum \exp(-\beta E_n) = \exp\left(-\frac{\beta^2}{16\pi}\right)$$

log Z를 주기 β로 미분하면 에너지 또는 질량의 기대값을 얻게 된다.

$$\langle E \rangle = -\frac{d}{d\beta}(\log Z) = \frac{\beta}{8\pi}$$

그래서 질량 $M = \frac{\beta}{8\pi}$가 나온다. 이것은 우리가 이미 알았던 질량과 주기, 또는 온도의 역수 사이의 관계를 확인시켜주고 있다. 그러나 더 진행시킬 수 있다. 표준 열역학적 견지에 의하면, 분배함수의 로그는 음의 자유 에너지 나누기 온도 T이다.

$$\log Z = -\frac{F}{T}$$

그리고 자유 에너지는 질량 혹은 에너지 더하기 온도 곱하기 엔트로피 S이다.

$$F = \langle E \rangle + TS$$

이 모든 것을 집어넣으면 블랙홀의 작용으로부터 엔트로피가 $4\pi M^2$임을 알 수 있다.

$$S = \frac{\beta^2}{16\pi} = 4\pi M^2 = \frac{1}{4}A$$

이것이 열역학 법칙과 똑같은 블랙홀의 법칙을 만드는 데에 필요한 것이다.

어째서 블랙홀 법칙은 다른 양자장 이론에서와는 전혀 비슷하지 않은 고유의 중력 엔트로피를 취하는가? 그 이유는 중력이 시공간 다양체에 대해서 다른 토폴로지를 허용하기 때문이다. 우리가 고려하는 유클리드-슈바르츠실트 해는 $S^2 \times S^1$의 토폴로지를 가지며 무한대에 경계가 있다. 여기에서 S^2는 무한대까지 큰 공간방향의 2차원 구이고 S^1은 주기적으로 동일한 허수시간 방향에 해당한다(그림 3.8). 이 안에 적어도 다른 두 종류의 토폴로지 구조를 넣을 수 있다. 물론 하나는 유클리드-슈바르츠실트 계량이다. 이것은 $R^2 \times S^2$의 토폴로지를 가지는데, 유클리드 2차

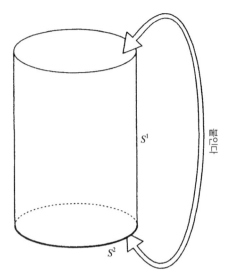

그림 3.8 유클리드-슈바르츠실트 해에서 무한대에 있는 경계.

원 평면과 2차원 구의 곱이다. 다른 하나는 $R^3 \times S^1$인데, 허수시간 방향에서 주기적으로 같고 평탄한 유클리드 공간의 토폴로지이다. 이들 두 토폴로지는 다른 오일러 수를 가지고 있다. 주기적으로 같고 평탄한 공간의 오릴러 수는 0인데 유클리드-슈바르츠실트 해의 오일러 수는 2이다. 이것의 중요성은 다음과 같다. 주기적으로 같은 평탄한 공간의 토폴로지 내에서, 기울기가 0이 아니고 무한대에 있는 경계에서 허수시간 축과 일치하는 주기적인 시간함수 τ를 찾을 수 있다. 그러면 두 면 τ_1과 τ_2 사이의 영역에 대한 작용을 계산해낼 수 있다. 그 작용에는 두 가지 항이 있는데 하나는 물질 라그랑지안과 아인슈타인-힐베르트 라그랑

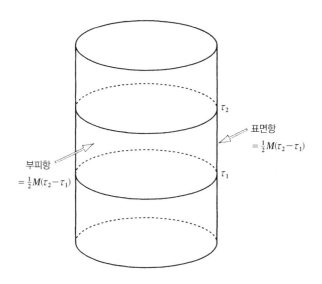

τ_2

표면항
$= \frac{1}{2}M(\tau_2 - \tau_1)$

부피항
$= \frac{1}{2}M(\tau_2 - \tau_1)$

τ_1

그림 3.9   주기적으로 같은 평탄한 유클리드 공간의 작용$=M(\tau_2 - \tau_1)$.

지안의 부피적분이고 다른 하나는 표면항이다. 만약 그 해가 시간
과 무관하다면 $\tau=\tau_1$ 위의 표면항은 $\tau=\tau_2$ 위의 표면항과 상쇄된
다. 그래서 표면항의 유일한 총합은 무한대에 있는 경계에서의 표
면항이다. 이것은 절반의 질량 곱하기 허수시간 간격$(\tau_2 - \tau_1)$이다.
질량이 0이 아닐 때는, 질량을 만들어낼 0이 아닌 물질장이 있어
야 한다. 물질 라그랑지안 더하기 아인슈타인-힐베르트 라그랑지
안의 부피적분 역시 $\frac{1}{2}M(\tau_2 - \tau_1)$이다. 따라서 총작용은 $(\tau_2 - \tau_1)$
이다(그림 3.9). 만일 분배함수의 로그 값을 열역학 공식에 대입
하면 기대하던 대로 에너지의 기댓값은 질량이 된다. 그러나 배
경장에 의한 엔트로피는 0이 될 것이다.

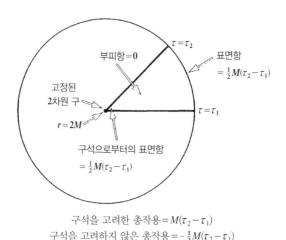

구석을 고려한 총작용 $= M(\tau_2 - \tau_1)$
구석을 고려하지 않은 총작용 $= -\frac{1}{2}M(\tau_2 - \tau_1)$

그림 3.10 유클리드-슈바르츠실트 해에 대한 총작용 $= \frac{1}{2}M(\tau_2 - \tau_1)$. $r = 2M$에 있는 구석의 영향을 포함하지 않았다.

그런데 그 상황은 아인슈타인-슈바르츠실트 해와 다르다. 그 때는 오일러 수가 0이 아닌 2이므로 기울기가 어디에서나 0이 아닌 시간함수 τ를 발견할 수 없다. 최선을 다해 할 수 있는 일 은 슈바르츠실트 해의 허수시간 축을 고르는 것이다. 이것은 τ가 각도좌표처럼 행동할 수 있는 지평면에서 고정된 2차원 구를 가 진다. 일정한 τ의 두 표면 사이의 작용을 계산하면 물질장이 없 고 스칼라 곡률이 0이므로 부피적분은 없게 된다. 무한대에서의 트레이스 K의 표면항은 $\frac{1}{2}M(\tau_2 - \tau_1)$이다. 그러나 τ_1과 τ_2 표면이 한구석에서 만나는 지평면에서 또다른 표면항이 있다. 이 표면 항을 계산할 수 있는데, 이것 역시 $\frac{1}{2}M(\tau_2 - \tau_1)$이다(그림 3.10). 그래서 τ_1과 τ_2 사이의 영역에 대한 총작용은 $M(\tau_2 - \tau_1)$이다.

$\tau_2 - \tau_1 = \beta$라고 하고 이 작용을 사용한다면, 엔트로피가 0임을 발견하게 된다. 그러나 3+1차원이 아니라 4차원 견해에서 유클리드-슈바르츠실트 해의 작용을 볼 때, 계량이 그곳에서 정칙이므로 지평면에서 표면항을 포함시킬 이유가 없다. 지평면에 표면항을 남겨놓으면 작용은 지평면 면적의 4분의 1로 줄어든다. 그것이 바로 블랙홀의 고유중력 엔트로피이다.

블랙홀의 엔트로피가 토폴로지의 불변량, 즉 오일러 수와 관련이 있다는 사실은 우리가 좀더 근본적인 이론에서 다루어야 하더라도 남게 될 까다로운 논쟁거리이다. 매우 보수적이고, 모든 것을 양-밀즈 이론처럼 만들기를 원하는 대부분의 입자물리학자들에게는 이 아이디어는 질색이다. 블랙홀이 플랑크 길이보다 훨씬 크다면, 블랙홀로부터의 복사는 열적이라는 데에, 그리고 그 복사는 블랙홀이 어떻게 형성되었냐는 것과 무관한 것 같다는 데에 그들은 동의할 것이다. 그러나 블랙홀이 질량을 잃고 플랑크 크기로 작아질 때, 양자론적 일반 상대성 이론이 파괴되고 모든 방책들이 소용 없으리라고 주장할 것이다. 그러나 나는 정보는 잃는 것 같지만 아직 사건 지평면 밖의 곡률이 항상 작은 채로 남아 있는 블랙홀로 사고실험을 해보겠다.

강한 전기장에서 양과 음으로 대전된 입자를 만들 수 있으리라는 것은 잘 알려져 있다. 이것을 볼 수 있는 한 가지 방법은 평탄한 유클리드 공간에서 전자같이 전하 q를 가진 입자가 균질한

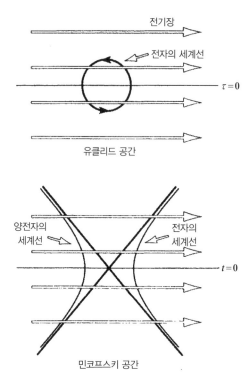

전기장

전자의 세계선

$\tau = 0$

유클리드 공간

양전자의
세계선

전자의
세계선

$t = 0$

민코프스키 공간

그림 3.11 유클리드 공간에서는 전자는 전기장에서 원을 그리며 움직인다. 민코프스키 공간에서는 서로 가속하며 멀어지는 반대로 대전된 입자쌍이다.

전기장 E 안에서 원을 그리며 움직이는 것을 주의하여 보는 것이다. 이 운동을 허수시간 τ에서 실수시간 t로 해석적으로 연속 확장시킬 수 있다. 전기장에 의해서 서로 밀고 멀어지며 가속운동을 하는 음과 양으로 대전된 한 쌍의 입자를 얻게 된다(그림 3.11).

쌍생성의 과정은 $t = 0$ 또는 $\tau = 0$ 선을 따라서 그림들을 절반

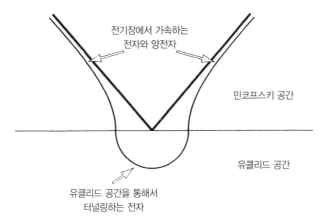

전기장에서 가속하는
전자와 양전자

민코프스키 공간

유클리드 공간

유클리드 공간을 통해서
터널링하는 전자

그림 3.12   유클리드 공간의 절반과 민코프스키 공간의 절반을 붙여서 쌍생성을 설명한다.

잘라내면서 설명된다. 그러면 민코프스키 공간 그림의 절반 윗부분을 유클리드 공간 그림의 절반 아랫부분에 붙인다(그림 3.12). 이것은 양으로 대전된 입자와 음으로 대전된 입자가 실제로는 같은 입자라는 것을 보여주는 그림이다. 그것은 한 민코프스키 공간에서 유클리드 공간을 통하여 다른 민코프스키 공간으로 나가는 세계선(world line)을 얻는다. 쌍생성하게 되는 확률은 첫 번째 근사로서 e^{-I}인데, 이때 I는 유클리드 작용으로서

$$I = \frac{2\pi m^2}{qE}$$

이다. 강한 전기장에서의 쌍생성은 실제로 실험적으로 관측되고 있으며 그 비율은 위의 값과 같다.

블랙홀은 전기(電氣) 전하를 운반할 수도 있으므로 역시 쌍생성될 수 있으리라고 기대할 수 있다. 그러나 전하에 대한 질량의 비율이 10^{20}배 더 크므로 그 비율은 전자-양전자 쌍생성의 경우에 비해 아주 작다! 이것은 블랙홀의 생성 확률이 상당히 커지기 전에 전기장이 전자-양전자 쌍생성에 의해서 중성화됨을 의미한다. 그러나 자기(磁氣) 전하를 가진 블랙홀의 해도 있다. 그러한 블랙홀은 자기적으로 대전된 소립자가 없기 때문에 중력 붕괴로 만들어질 수 없으나 강한 자기장에서는 쌍생성될 수 있으리라고 기대할 수 있다. 이 경우에 보통의 입자는 자기 전하를 운반하지 않기 때문에 보통의 입자 생성은 경쟁이 되지 않는다. 그래서 자기장을 충분히 강하게 만들어주어서 자기적으로 대전된 블랙홀 쌍을 생성할 많은 기회를 줄 수 있다.

1976년에 에른스트는 자기장 내에서 서로 가속되어 멀어지는, 두 개의 자기적으로 대전된 블랙홀을 나타내는 해를 찾았다(그림 3.13). 만일 그 해를 허수시간까지 해석적으로 확장하면, 전자의 쌍생성과 아주 흡사한 그림을 얻을 것이다(그림 3.14). 바로 평탄한 유클리드 공간에서 전자가 원을 그리는 듯이, 블랙홀은 휘어진 유클리드 공간에서 원을 그리며 움직인다. 원의 중심 주위로 블랙홀이 움직이는 것처럼 허수시간 좌표가 블랙홀의 지평면 주위로 주기적(週期的)이기 때문에 블랙홀의 경우에는 혼란이 있다. 이러한 주기들이 같도록 블랙홀의 자기 전하에 대한 질량

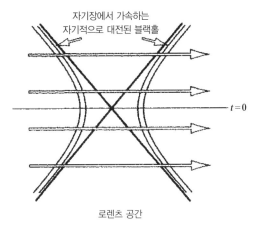

자기장에서 가속하는
자기적으로 대전된 블랙홀

$t = 0$

로렌츠 공간

그림 3.13 자기장 내에서 서로 가속하며 멀어지는 서로 반대로 자기적으로 대전된 블랙홀 쌍.

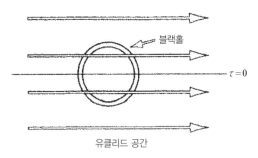

블랙홀

$\tau = 0$

유클리드 공간

그림 3.14 유클리드 공간에서 원을 그리며 움직이는 대전된 블랙홀.

의 비율을 조정해야 한다. 물리적으로 이것은 블랙홀의 온도가 블랙홀이 가속하고 있기 때문에 겪게 되는 온도와 같도록 블랙홀의 매개변수를 선택하는 것을 의미한다. 전하가 플랑크 단위의 질량에 접근할수록 자기적으로 대전된 블랙홀의 온도는 0으로 접근하는 경향이 있다. 그래서 약한 자기장의 경우에 그리고

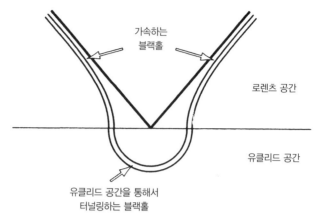

가속하는
블랙홀

로렌츠 공간

유클리드 공간

유클리드 공간을 통해서
터널링하는 블랙홀

그림 3.15 유클리드 공간 절반과 민코프스키 공간의 절반을 붙여서 블랙홀 쌍생성의
터널링 과정을 설명한다.

가속도가 작은 경우에는 그 주기들이 항상 맞도록 할 수 있다.

전자의 쌍생성의 경우와 같이, 허수시간의 유클리드 해의 아래 절반을 실시간 로렌츠 풀이의 위 절반에 붙여서 블랙홀의 쌍생성을 말할 수 있다(그림 3.15). 우리는 블랙홀이 유클리드 영역을 통해서 빠져나간다고 생각할 수 있으며, 자기장에 의해서 서로 밀며 가속되어 멀어지는 반대로 대전된 블랙홀 쌍으로서 나타난다고도 생각할 수 있다. 가속하는 블랙홀 해는 점근적으로 평탄하지는 않다. 왜냐하면 무한대에서는 균질한 자기장이 되기 때문이다. 그럼에도 불구하고 그것을 사용하여 자기장이 있는 국소영역에서 블랙홀의 쌍생성 비율을 계산할 수 있다. 그러면 각 블랙홀을 분리하여 점근적으로 평탄한 공간에 있는 블랙홀로 취급할 수도 있다. 임의로 큰 양의 물질과 정보를 각 블랙홀로 던져버릴 수도 있다. 그러면 그 블랙홀들은 복사 빛을 내고 질량을 잃게 된다. 그러나 자기적으로 대전된 입자가 없기 때문에 자기 전하는 잃지 않는다. 그래서 결국 그것들은 전하보다 약간 큰 질량을 가진 원래의 상태로 돌아가게 된다. 그러면 그 두 블랙홀을 다시 모아서 서로 쌍소멸시킬 수 있다. 그 소멸 과정은 쌍생성의 시간 역전으로 간주될 수 있다. 그래서 그것은 유클리드 해의 위 절반과 로렌츠 해의 아래 절반을 붙여서 나타낼 수 있다. 쌍생성과 쌍소멸 사이에는 블랙홀이 서로 멀어지고 물질을 삼키고, 복사하고, 다시 서로 만나는 긴 로렌츠 시기가 있다. 그러나 중력장의 토폴로지는 유클리드-에른스트의 토폴로지가 될 것이다. 이 토폴로지는 $S^2 \times S^2$에서 점 하나를 뺀 것이다(그림 3.16).

블랙홀이 쌍소멸될 때에 블랙홀의 지평면 면적이 줄어들기 때문에 일반화된 열역학 법칙을 위반하리라고 걱정할지도 모른다. 그러나 만일 쌍생성이 없다면 에른스트 해에서 가속도 지평면의 면적이 그것이 가질 만한 면적으로부터 줄어드는 것으로 증명되었다. 두 가지 경우 모두 가속도 지평면의 면적이 무한하기 때문에 이 계산은 약간 미묘하다. 그럼에도 불구하고, 그들의 차이는 유한하며 블랙홀 지평면 면적에 쌍생성이 있을 때와 없을 때의 작용의 차이를 더한 값과 같다고 정의할 수 있다. 이것은 쌍생성이 0의 에너지 과정이라고 말함으로써 이해될 수 있다. 쌍생성

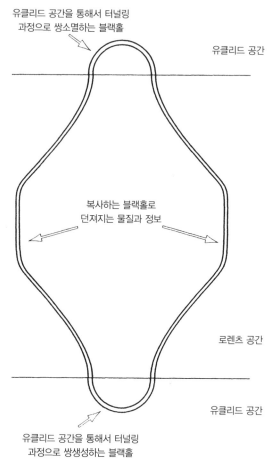

유클리드 공간을 통해서 터널링
과정으로 쌍소멸하는 블랙홀

유클리드 공간

복사하는 블랙홀로
던져지는 물질과 정보

로렌츠 공간

유클리드 공간

유클리드 공간을 통해서 터널링
과정으로 쌍생성하는 블랙홀

그림 3.16 블랙홀 쌍이 터널링 과정으로 생성되었다가 결국 다시 터널링 과정으로 소멸된다.

이 **있는** 해밀토니안(Hamiltonian)은 쌍생성이 **없는** 해밀토니안과 같다. 이 강의를 위하여 바로 제때에 이 감소량의 계산을 도와준 사이먼 로스와 게리 호로비츠에게 깊이 감사한다. 블랙홀 열역학이 단지 낮은 에너지 근사일 수 없다고 나를 확신시키는 것은 이것 — 그리고 그들이 그것을 계산했다는 사실이 아니라 그 결과를 의미한다 — 같이 기적이다. 우리가 양자 중력에 대한 좀더 근본적인 이론으로 접근해야 한다고 할지라도 중력 엔트로피는 사라지지 않을 것이다.

이러한 사고실험에서 시공간의 토폴로지가 평탄한 민코프스키 공간의 토폴로지와 다를 때에 고유중력 엔트로피를 가지고 정보를 잃어버리게 되는 것을 볼 수 있다. 쌍생성된 블랙홀이 플랑크 크기에 비하여 상당히 크다면, 지평면 밖의 곡률은 플랑크 범위에 비해 어디에서나 작을 것이다. 이것은 작용의 건드림에서 3차 혹은 고차항을 무시했던 근사가 좋았음을 의미한다. 그래서 블랙홀에서 정보를 잃을 수 있다는 결론은 신뢰할 수 있어야 한다.

만약 거시적 블랙홀에서 정보가 소실된다면, 계량의 양자 교란 때문에 가상의 미시적인 블랙홀이 나타나는 과정에서도 정보는 분실되어야 한다. 입자와 정보가 이러한 블랙홀들로 빠질 수도 있고 소실될 수도 있음을 상상할 수 있다. 아마도 그곳은 모든 그러한 이상한 것들이 갔던 곳이다. 에너지와 게이지 장과 결합되는 전기 전하와 같은 양들은 보존되나, 다른 정보와 대역적인 전하는 잃게 될 것이다. 이것이 양자론의 광범위한 결과이다.

순수한 양자 상태에서 하나의 계는 순수한 양자 상태들의 계

그림 3.17

열을 통하여 한결같은(unitary) 방법으로 진행한다고 보통 가정한다. 그러나 블랙홀이 나타날 때와 사라지는 동안에 정보를 소실한다면 한결같은 진행이 될 수 없다. 대신 정보의 소실은 블랙홀이 사라진 후의 마지막 상태가 소위 **혼합 양자 상태**가 될 것이라는 것을 의미한다. 이것은 각각 고유의 확률을 지닌 다른 순수한 양자 상태의 앙상블로서 간주될 수 있다. 그러나 그것은 확실히 임의의 한 상태에 있지 않기 때문에 임의의 양자 상태와 간섭함으로써 마지막 상태의 확률을 0으로 줄일 수 있다. 이것은 중력이 보통 양자론과 관련된 불확정성을 넘어 새로운 수준의 예측

불가능성을 물리학에 도입함을 의미한다. 다음 강의(제5장)에서는 이 여분의 불확정성을 이미 관측했음을 보이겠다. 그것은 확신을 가지고 미래를 말할 수 있는 과학적 결정론의 희망의 끝을 의미한다. 신은 아직도 소매 속에서 몇 가지 속임수를 쓰고 있는 듯하다(그림 3.17).

제4장

양자론과 시공간

• 로저 펜로즈 •

20세기의 위대한 물리학 이론들은 양자론, 특수 상대성 이론, 일반 상대성 이론, 양자장 이론이었다. 이러한 이론들은 서로 독립적이지 않다. 일반 상대성 이론은 특수 상대성 이론의 토대 위에 세워졌고 양자장 이론은 특수 상대성 이론과 양자론이 합쳐져서 이루어졌다(그림 4.1).

양자장 이론은 이전의 다른 어떤 이론보다 훨씬 더 정확한, 즉 1,000억 분의 1 부분까지도 정확한 물리 이론이라고 말한다. 그러나 어떤 의미에서는, 일반 상대성 이론이 100조 분의 1까지도 맞는 것으로 검증된다고 지적하고 싶다(이 정밀도는 외견상으로는 지상에 있는 시계의 정밀도에 의해서만 제한되어 있을 뿐이다). 이제 헐스-테일러(Hulse-Taylor)의 연성 펄서(pulsar)인 PSR

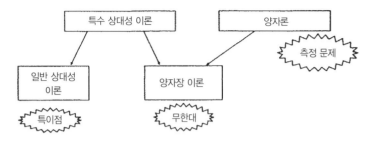

그림 4.1 20세기의 위대한 물리 이론들과 근본적인 문제점들.

1913+16에 대해서 말하겠다. 두 별은 중성자 별로서 서로 돌고 있는데 그중 하나가 펄서이다. 이들이 중력파의 방출로 인하여 에너지를 잃기 때문에 이 궤도가 서서히 붕괴될 것이고 주기는 점차 짧아질 것임을 일반 상대성 이론은 예측하고 있다. 실제로 이것이 관측되었으며 끝부분의 범위에는 뉴턴의 궤도로, 중간 범위에서는 일반 상대성 이론의 보정으로(중력 복사로 인한 궤도 속도의 증가분까지 포함하여), 전체의 운동은 위에서 언급한 대로 놀랄 만큼 정확하게 20여 년의 주기 동안에 축적된 데이터와 일치했다. 이러한 계를 발견한 그들은 그 업적으로 노벨상을 수상하게 되었다. 양자론자들은 그들 이론의 정확도 때문에, 그들에 맞추기 위하여 변화되는 것은 일반 상대성 이론이어야 한다고 항상 주장해왔다. 그러나 변화되어야 할 것을 움켜쥐고 있는 것은 양자장 이론이라고 나는 지금 생각한다.

이 네 이론들은 놀랍게도 성공적이었지만 문제가 없는 것은 없다. 양자장 이론에는 다중 연결된 파인먼 도형에 대해서 진폭을 계산할 때마다 답이 무한대로 나오는 문제가 있다. 이러한 무한대는 이론을 재규격화하는 과정을 거쳐 **빼**버리거나 벗겨 떨어뜨려야만 한다. 일반 상대성 이론은 시공간의 특이점의 존재를 예측한다. 양자론에는 "측정의 문제"가 있는데 이것은 나중에 언급하겠다. 이 이론들의 여러 가지 문제점들에 대한 해는 그 이론들 자체가 불완전하다는 사실로부터 시작된 것으로 받아들여질 수도 있다. 예를 들면 양자장 이론이 어떤 방법으로 일반 상대성 이론의 특이점을 "깎아내릴지도" 모른다고 많은 사람들은 기대하고 있다. 양자장 이론에서 나타나는 발산 문제는 일반 상대성 이론에서 자외선 차단에 의해서 부분적으로나마 해결될 수 있었다. 이와 같이 측정 문제도 일반 상대성 이론과 양자론이 어떤 새로운 이론으로 적당히 결합될 때에 궁극적으로는 해결되리라고 나는 믿는다.

나는 블랙홀에서의 정보 소실에 대해서 말하고 싶다. 이것은 이 마지막 논쟁거리와 관련이 있다고 주장하는 바이다. 나는 스티븐이 이것에 관해서 말한 것들에 대하여 거의 동의한다. 그러나 스티븐이 블랙홀에 의한 정보 소실을 양자론에서 말하는 불확정성을 뛰어넘어서는 더 수준 높은 불확정성으로서 취급하는 반면에, 나는 그것을 "상호 보완적인" 불확정성으로 간주한다. 이것에 대해서 내가 의미하는 것을 설명하겠다. 블랙홀이 있는 시공간에서는, 시공간의 카터 도형을 그려봄으로써 어떻게 정보

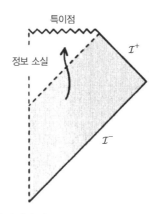

그림 4.2 블랙홀의 붕괴에 대한 카터 도형.

의 소실이 발생하는지 알게 된다(그림 4.2). 입력이 되는 "정보"는 과거 빛방향 무한대인 $\mathcal{I}^-$에서 주어진 다음 미래 빛방향 무한대인 $\mathcal{I}^+$에서 "출력 정보"로 나타난다. 소실되는 정보는 그것이 블랙홀의 지평면을 통과하여 떨어질 때에 소실된다고 말들 하지만 나는 그것이 특이점을 만날 때에야 소실되는 것으로 생각하고 싶다. 지금 한 물체가 붕괴되어 블랙홀이 된 다음, 호킹 복사에 의해서 그 블랙홀이 증발되는 경우를 생각하자. (이것이 일어나기를 기다리려면 아마도 우주 나이보다 더 오래 기다려야 할 것이다!) 나는 이 붕괴와 증발의 과정에서 정보가 소실된다는 스티분의 견해에 동의한다. 우리는 이 전체의 시공간에 대한 카터 도형도 그릴 수 있다(그림 4.3).

블랙홀의 내부에 있는 특이점은 공간방향이며 이전 강의의 토

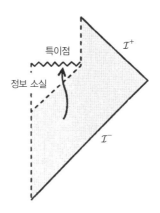

그림 4.3 증발하는 블랙홀의 카터 도형.

론(제2장)의 마지막 부분에서 언급한 바와 같이 그곳에서의 바일 곡률은 거대하다. 블랙홀이 증발하는 순간에 약간의 정보가 특이점의 잔여 조각(미래의 외부 관찰자의 과거가 되므로 바일 곡률이 거의 없거나 전혀 없다)으로부터 탈출하는 것은 가능하나, 이러한 미소량의 정보 습득량은 붕괴 중의 정보 소실량에 비하면 훨씬 적다(그 붕괴 중에 블랙홀이 마지막으로 사라지는 것을 합리적으로 설명한다고 생각된다). 만일 사고실험으로서 거대한 상자 안에 이 계를 넣는다면, 상자 안에서 물질의 위상공간의 진화를 생각할 수 있다. 블랙홀이 있는 상황과 관련된 위상공간의 영역에서는 물리적 진화의 궤적은 수렴할 것이며 이 궤적에 따른 부피는 수축할 것이다. 이것은 블랙홀에서 특이점으로의 정보 소실에 기인한다. 이 수축은 고전역학에서 "위상공간의 부피

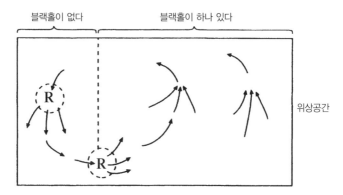

블랙홀이 없다   블랙홀이 하나 있다

위상공간

그림 4.4   블랙홀이 있을 때 위상공간의 부피가 손실된다. 이는 파동함수 붕괴 **R**에 의한 위상공간의 습득과 균형을 이룬다.

는 일정하다"라는 **리우빌의 정리**(Liouville's theorem)에 직접적으로 모순된다. (이것은 고전적인 정리이다. 엄밀히 말하면 힐베르트 공간에 양자론적 진화를 생각하는 것이다. 리우빌 정리를 위반한다는 것은 바로 한결같지 않은[non-unitary] 진화를 하고 있음을 말한다.) 그래서 블랙홀 시공간은 이 보존정리를 위반하게 된다. 그러나 나의 견해로는 이 위상공간 부피의 소실 과정은 "자발적" 양자론적 측정의 과정(정보를 얻고 위상공간 부피가 증가)과 균형이 맞는다. 이것이 내가 블랙홀에서 정보 소실에 기인한 불확정성을 양자론에서의 불확정성과 "상호 보완적인" 존재로서 간주하는 이유이다. 하나가 동전의 앞면이면 다른 하나는 동전의 뒤면이다(그림 4.4).

미래 특이점이 많은 정보를 가지는 반면에, 과거 특이점은 거의 정보를 가지지 못한다고 말할지도 모른다. 이것은 열역학 제2 법칙에 기인한 것이다. 이러한 특이점들의 비대칭성도 측정 과정의 비대칭성과 관련이 있다. 그래서 다음에는 양자론에서의 측정 문제로 돌아가자.

양자론의 원리를 설명하기 위해서 두 개의 슬릿 문제를 사용할 수 있다. 이 상황에서 광선은 두 개의 슬릿 A와 B에 비친다. 이것은 슬릿 뒤의 스크린에 밝고 어두운 띠의 간섭 무늬를 만들어낸다. 개개의 광자는 띄엄띄엄한 점으로 스크린에 도달한다. 그러나 스크린상에는 간섭 띠 때문에 도달하기 불가능한 점들이 있다. 그러한 점을 p라고 하자. 그럼에도 불구하고 슬릿 하나가 차단되면 p에 도달할 수 있다. 이러한 모습의 소멸간섭(다른 가능성들은 때로 상쇄된다)은 양자역학의 가장 난해한 특징들 중의 하나이다. 경로 A와 B가 광자가 갈 수 있는 길이라면(각각의 광자 상태를 $|A\rangle$와 $|B\rangle$로 표현하자) — 그리고 이런 것들은 광자가 먼저 한 슬릿을 통과하거나 혹은 다른 것을 통과함으로써 p에 도달할 수 있는 경로이다 — 이들을 결합한 양 $z|A+w|B\rangle$도 가능하다. 이때 z와 w는 복소수이다. 우리는 이것을 양자론의 **중첩의 원리**(superposition principle)로 이해한다.

z와 w는 **복소수**이므로 그것을 어떤 방법으로든지 확률로 간주하는 것은 적합하지 않다. 양자의 상태는 바로 그러한 복소 중첩이다. 양자계의 **한결같은**(unitary) 진화($\mathbf{U}$라고 하자)는 중첩량을

보전한다. 만일 $t=0$이라는 시간에 zA_0+wB_0가 어떤 중첩이라면 나중의 t라는 시간 후에는 zA_t+wB_t로 진화할 것이다. 이때 A_t와 B_t는 t 시간 후에 각각 분리되어 진화한 것을 나타낸다. 양자론적인 대안들이 확대되어서 처음 것과 구별이 가능한 고전적 결과들이 되는 양자계의 측정 시에는 다른 종류의 "진화"가 발생하게 된다. 이를 상태 벡터의 **환원** 또는 "파동함수의 붕괴"라고 부른다(이것을 **R**이라고 부르겠다). 이러한 의미에서 확률은 그 계가 "측정될" 때에만 도입된다. 그리고 두 사건이 발생할 상대적인 가능성의 비는 $|z|^2 : |w|^2$이다.

U와 **R**은 매우 다른 과정이다. **U**는 결정론적이고, 선형이고, (배위공간에서) 국소적이고, 시간에 대해서 대칭이다. **R**은 비결정론적이고, 분명히 비선형이고, 비국소적이고, 시간에 대해서 대칭이 없다. 양자론에서 두 근본적인 진화 과정 사이의 이 차이는 놀랄 만하다. **R**이 **U**의 근사로 추론될지도 모른다는 것은 (사람들이 이것을 해보려고 노력했을지라도) 아주 그럴듯하지는 않다. 이것이 "측정 문제"이다.

R은 특별히 시간 비대칭이다. 광원 L에서 나온 광선이 반은경(半銀鏡)에 45도 이내로 조사(照射)되고 거울 뒤에는 계측기 D가 있다고 가정하자(그림 4.5)

거울이 절반만 은도금이 되었기 때문에 투과하는 상태와 반사하는 상태가 같은 비중으로 중첩된다. 이는 임의의 개개의 광자가

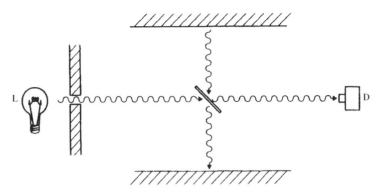

그림 4.5 R 과정에서 고유인 양자 확률이 시간을 거꾸로 한 방향에 적용되지 않음을 보여주는 간단한 실험.

실험실 바닥에 흡수되기보다는 계측기를 작동시킬 확률이 50퍼센트라는 의미이다. 이 50퍼센트는 다음 질문의 답이 된다. "만약 L이 하나의 광자를 방출하면, D가 그것을 받을 확률은 얼마인가?" 이러한 종류의 질문에 대한 답은 규칙 R에 의해서 결정된다. 그러나 우리는 "만약 D가 광자 하나를 받았다면 L에 의해서 방출되었을 확률은 얼마인가?"라고도 묻고 싶어질 것이다. 앞에서 했던 방식대로 확률을 산출할 수 있다고 생각할지도 모른다. U는 시간 대칭이지만 이것을 R에도 적용하면 안 되는가? 그러나 과거에 적용시켜보면, (시간이 역전된) 규칙 R은 올바른 확률을 주지 못한다. 사실상, 이 질문에 대한 답은 완전히 다른 사고, 즉 열역학 제2법칙 — 여기에서는 벽에 적용했다 — 과 궁극적으로는 우주가 시간에 있어서 비대칭인 성질에 기인한다는 비대칭으로 결정된다. 아하로노프, 버그먼, 리보비츠는 1964년에 측정 과정을 시간 대칭의 틀 안에 맞추는 방법을 보여주었다. 이 안(案)에 따르면 R의 시간 비대칭성은 미래와 과거의 비대칭인 경계조건에서 발생한다. 이 일반적인 틀도 그리피스(1984년), 옴네스(1992년), 겔만과 하틀(1990년)에 의해서 채택된 것이다. 원래의 제2법칙은 시공간-특이점 구조에서 비대칭을 거꾸로 추적할 수 있기 때문에, 이 관계로부터 양자론의 측정 문제는 일반 상대성 이론의 특이점 문제와 관련이 있다고 제안할 수 있다. 지난 강의에서 초기의 특이점은 정보가 거의 없고 바일 텐서도 없는 반면에 마지막 특이점(혹은 특이점들, 혹은 무한대)은 많은 정보를 가지고 있으며 그곳에서 바일 텐서가 (특이점들의 경우에) 발산하는 것을 기억해보자.

　양자론과 일반 상대성 이론 사이의 관계에 대한 나의 입장을 분명히 하기 위하여, **양자론적 실체**가 무엇을 의미하는지 토의하려고 한다. 상태 벡터가 "실수(實數)" 또는 밀도행렬(density matrix)이 "실수"라는 것은 사실인가? 밀도행렬은 상태에 대한 우리의 불완전한 지식의 정도를 나타내는 것이고 그래서 두 가지 꼴의 확률 ─ 양자 확률과 고전적 불확실성 ─ 을 포함하고 있다. 밀도행렬은

$$D = \sum_{i=1}^{N} p_i |\psi_i\rangle \langle\psi_i|$$

라고 쓸 수 있다. 이때 p_i는 확률이며 $\sum p_i = 1$을 만족하는 수이다. 각각의 $|\psi_i\rangle$는 정규화되어 있다. 이것은 가중치가 고려된 상태들의 확률혼합이다. 여기서 $|\psi_i\rangle$는 직교할 필요는 없고 N은 힐베르트 공간의 차원보다 더 크다. 예로서 실험장치의 중앙에서 정지해 있는 스핀이 0인 한 입자가 스핀이 2분의 1인 두 입자로 붕괴하는 EPR-형태의 실험을 생각해보자. 이들 두 입자들은 반대방향으로 날아가고 "여기"에서와 "저기"에서 검출된다 — 이때 "여기"를 지구라고 하면 "저기"는 달처럼 "여기"보다 아주 멀리 떨어져 있다. 그 상태 벡터를 가능한 것들의 중첩으로 쓰면

$$|\psi\rangle = \{|\text{위, 여기}\rangle|\text{아래, 저기}\rangle - |\text{아래, 여기}\rangle|\text{위, 저기}\rangle\}/\sqrt{2} \quad (4.1)$$

인데 $|\text{위, 여기}\rangle$는 입자의 스핀이 "여기"에서 "위" 방향을 가리키는 상태를 나타내고 다른 것들도 그런 식으로 나타내는 것이다. 지금 스핀의 z 성분이 달에서 결과를 모른 채 측정되었다고 하자. 그러면 **여기**에서의 상태를 밀도행렬로 표현하면

$$D = \frac{1}{2}|\text{위, 여기}\rangle\langle\text{위, 여기}| + \frac{1}{2}|\text{아래, 여기}\rangle\langle\text{아래, 여기}|$$

$$(4.2)$$

이다. 또는 다르게 생각하여 스핀의 x 성분이 달에서 측정되었다면 (4.1)의 상태 벡터로

$$|\psi\rangle = \{|\text{왼쪽, 여기}\rangle|\text{오른쪽, 저기}\rangle - |\text{오른쪽, 여기}\rangle|\text{왼쪽, 저기}\rangle\}/\sqrt{2}$$

가 되며 이에 적합한 밀도행렬은

$$D = \frac{1}{2}|\text{왼쪽, 여기}\rangle\langle\text{왼쪽, 여기}| + \frac{1}{2}|\text{오른쪽, 여기}\rangle\langle\text{오른쪽, 여기}|$$

인데 이는 (4.2)와 사실상 같다. 그러나 상태 벡터가 실체를 기술한다면, 밀도행렬은 무엇이 어떻게 되는지 말하지 않는다. 우리가 "저기"에서 무엇이 벌어지고 있는지 모른다면 그것은 바로 "여기"에서의 측정 결과만 줄 뿐이다. 특별히 달로부터 자연에 관한 정보와 그것에서의 측정 결과를 나에게 알리는 편지를 입수하는 것이 가능할지도 모른다. 그래서 만일 내가 (원칙상) 이 정보를 입수할 수 있다면 상태 벡터로 전체의 (복잡하게 얽힌) 계를 기술해야 한다.

일반적으로, 주어진 밀도행렬을 상태들의 확률혼합으로 쓰는 서로 다른 많은 방법이 있다. 더구나 휴스턴, 요즈사, 우터스가 만든 1993년의 최근의 정리에 따르면, 이런 방법으로 EPR 계의 "여기"에서의 과거로 야기되는 임의의 밀도행렬에 대해서, 그리

고 이 밀도행렬을 상태들의 확률혼합으로 나타내는 것에 대해서, 그것이 무엇이든지, 확률혼합으로서 "여기"에서의 밀도행렬에 **특별한** 해석을 세밀하게 부여하는 "저기"에서의 측정이 항상 존재한다.

반면에 내가 이해하기로는 그 밀도행렬은 블랙홀이 있을 때, 스티븐의 견해에 더 가까운 실체를 기술한다고 주장하고 싶다.

존 벨은 가끔 상태 벡터의 수축 과정을 표준으로 기술하는데 FAPP라고 쓴다. 이는 "모든 실질적인 목적을 위하여(for all practical purpose)"의 약자이다. 이 표준과정에 따르면 총 상태 벡터는

$$|\psi_\text{총}\rangle = w\,|\,위, 여기\rangle\,|\,?\rangle + z\,|\,아래, 여기\rangle\,|\,?'\rangle$$

로 쓸 수 있는데, $|\,?\rangle$ 등은 우리가 측정할 수 없는 외계에 있는 것들을 표현하고 있다. 외계에서 정보를 잃었다면, 밀도행렬은 우리가 최선을 다하면 다음과 같다.

$$D = |w|^2\,|\,위, 여기\rangle\langle 위, 여기\,| + |z|^2\,|\,아래, 여기\rangle\langle 아래, 여기\,|$$

외계에서 온 정보를 회복할 수 없는 한, 우리는 각각 $|w|^2$과 $|z|^2$의 확률로서 그 상태를 $|\,위, 여기\rangle$나 $|\,아래, 여기\rangle$로 "더욱이" (모든 실질적인 목적을 위하여) 간주할지도 모른다.

그러나 밀도행렬은 그것이 어떤 상태로 되어 있는지 알려주지 못하므로 아직 다른 가정이 필요하다. 이 점을 설명하기 위하여 슈뢰딩거의 고양이 사고실험을 생각하자. 이것은 상자에 들어 있는 아주 불쌍한 고양이를 서술한다. 방출된 광자가 반은경을 만나서 광자의 파동함수의 일부가 투과하여 검출기에 도달한다. 그 검출기는 광자를 검출하게 되면 자동적으로 총의 방아쇠를 당겨 고양이를 죽인다. 만일 그 검출기가 광자를 검출하지 못하면 고양이는 살아 있고 잘 있게 된다. (나는 고양이들을 이렇게 잘못 취급하는 것을 스티븐이 받아들이지 않는다는 점을 알고 있다. 그것이 사고실험인데도 말이다!) 그 계의 파동함수는 이러한 두 가지의 가능한 것들을 중첩시킨 것이다.

$$w\,|\,\text{죽은 고양이}\rangle\,|\,\text{방아쇠 당김}\rangle + z\,|\,\text{산 고양이}\rangle\,|\,\text{방아쇠 당기지 않음}\rangle$$

이때 |방아쇠 당김⟩과 |방아쇠 당기지 않음⟩은 외계의 상태와 관련된 것이다.

양자역학의 다세계(多世界) 견해에서는 (외계를 무시하고) 이것은

$$w\,|\,\text{죽은 고양이}\rangle\,|\,\text{고양이가 죽어 있음을 인지}\rangle +$$
$$z\,|\,\text{산 고양이}\rangle\,|\,\text{고양이가 살아 있음을 인지}\rangle \qquad (4.3)$$

로 될 것이다. 여기에서 |……을 인지〉하는 상태는 실험자 마음의 상태와 관련되어 있다. 그러나 왜 우리는 바로 거시적인 **양자택일**인 "고양이는 죽어 있음"과 "고양이는 살아 있음"을 지각하고 이들 상태의 거시적 **중첩**을 인지하는 못하는가? 예를 들면 $w = z = 1/\sqrt{2}$ 의 경우에, 상태 (4.3)을 다음과 같은 중첩으로 다시 쓸 수 있다.

{(|죽은 고양이〉 + |산 고양이〉) × (|고양이가 죽어 있음을 인지〉

　+ |고양이가 살아 있음을 인지〉)

+(|죽은 고양이〉 − |산 고양이〉)

　× (|고양이가 죽어 있음을 인지〉

　− |고양이가 살아 있음을 인지〉)}/$2\sqrt{2}$

그래서 (|고양이가 죽어 있음을 인지〉 + |고양이가 살아 있음을 인지〉)/$\sqrt{2}$ 같은 "인지 상태"를 배제하는 이유가 있다면, 이전보다 풀이에 더 가까울 수 있다.

만일 같은 종류의 것들이 외계에 적용된다면, (그리고 예를 들면 다시 $w = z = 1/\sqrt{2}$ 의 경우에) 밀도행렬을 다음의 중첩으로 다시 쓸 수 있다.

$$D = \frac{1}{4}(|\text{죽은 고양이}\rangle + |\text{산 고양이}\rangle)(\langle\text{죽은 고양이}|$$
$$+ \langle\text{산 고양이}|) + \frac{1}{4}(|\text{죽은 고양이}\rangle - |\text{산 고양이}\rangle)$$
$$(\langle\text{죽은 고양이}| - \langle\text{산 고양이}|)$$

이것은 "외계에 의해 일관성이 없어짐(decoherence by environment)" 식의 견해로는 고양이가 단순히 살아 있거나 죽어 있는 이유를 설명하지 못함을 보여준다.

여기에서 나는 양심이나 일관성 없음의 논점에 대한 토론을 더 이상 진행하고 싶지는 않다. 나의 견해로는, 측정 문제에 대한 답은 그밖의 장소에도 있다. 나는 일반 상대성 이론을 적용할 때에 생기는 다른 시공간들을 중첩하는 것은 잘못이라고 생각한다. 아마 두 개의 다른 기하들을 중첩시키면 **불안정할** 것이고 둘 중 **하나**로 붕괴될 것이다. 예로 그 기하는 살아 있는 고양이의 시공간이거나 죽은 고양이의 시공간이다. 나는 이 붕괴를 한 객체나 다른 객체로의 환원이라고 부르는데 그것은 적당하게 좋은 약어(**OR**)를 가지고 있기 때문에 이것은 하나의 명칭으로서 좋다. 이것과 플랑크 길이 10^{-33}cm와는 어떻게 관련되어 있는가? 언제 두 기하가 상당히 달라지는지를 결정하는 자연의 기준은 플랑크 규모에 따라서 달라지며 이 기준은 다른 대안으로의 환원 시간의 크기를 지정한다.

우리는 고양이를 포기하고, 반 은거울 문제를 다시 취급할 수

시간과 공간에 관하여

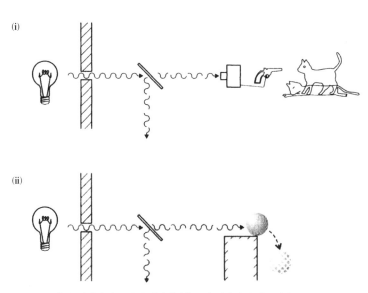

그림 4.6 (i) 슈뢰딩거의 고양이 실험과 (ii) 보다 인간적인 사고실험.

있는데, 이때는 광자를 검출하면 고양이를 죽이는 대신 커다란
물체를 움직이도록 방아쇠를 당기도록 한다(그림 4.6).

만약 단순히 절벽 끝에 그 물체가 아슬아슬하게 균형 잡혀 있고
광자가 그것을 밀면 절벽으로 떨어지도록 되어 있다면 우리는 계
측기에서 상태 환원에 관한 두려움의 문제를 피할 수 있다. 두 대
안의 중첩이 불안정해질 정도로 물체가 이동하는 것은 언제가 충
분한가? 내가 실제로 여기에서 제안한 대로(1993년, 1994년에
펜로즈가 쓴 논문; 1989년에 디오시가 쓴 논문; 1990년에 기라
르디, 그라시, 리미니가 공동으로 쓴 논문 참조) 중력은 이에 대
해서 답을 줄 수 있다. 이렇게 제안된 방법에 따라서 붕괴시간

을 계산하기 위하여 에너지 E를 생각하자. E는 물체의 한 위치를 다른 위치의 중력장 내에서, 일치된 상태로부터 분리시켜서 이 두 위치들이 질량의 중첩에 이를 때까지 끌어내는 데에 필요한 에너지이다. 이 중첩에 해당하는 상태 벡터 붕괴의 시간 범위가 대충

$$T \sim \frac{\hbar}{E} \qquad (4.4)$$

라고 제안한다. 핵자의 경우 이것이 거의 1억 년 정도가 되기 때문에, 기존의 실험으로 불안정함을 볼 수 없다. 그러나 크기가 10만 분의 1센티미터인 물의 얼룩의 경우에는 2시간 정도에 붕괴가 일어날 것이다. 그 얼룩이 1만 분의 1센티미터라면 10분의 1초에 붕괴될 것이며, 1,000분의 1센티미터의 크기라면 상태 벡터의 붕괴가 단지 100만 분의 1초 정도에 발생할 것이다. 역시 이것은 그 덩어리가 주위 외계와 고립되었을 때에 외계에서 물체의 움직임이 그 붕괴를 재촉한다. 이런 종류의 양자론 측정 문제를 푸는 계략은 에너지 보존과 국소성이 있는 문제로 뛰어들어가는 경향이 있다. 그러나 일반 상대성 이론에서는, 특별히 이것이 중첩된 상태에 공헌하는 방법에 관한 중력의 에너지에 대해서 내장된 불확정성이 있다. 중력의 에너지는 일반 상대성 이론에서는 비국소적이다. 중력 위치 에너지는 총에너지에 비국소

적으로 (음으로) 작용하고 중력파는 한 계에서 비국소적 (양의) 에너지를 빼갈 수 있다. 평탄한 시공간조차도 어떤 상황에서는 총에너지에 영향을 줄 수 있다. 여기에서 생각한 대로, 두 질량의 위치가 중첩된 상태에서 에너지 불확정성은 (하이젠베르크의 불확정성으로) 붕괴시간(4.4)과 일치한다.

질문과 답

질문: 호킹 교수는 중력장은 다른 장들보다는 조금 더 특별하다고 말했다. 이에 관해서 어떻게 생각하는가?

답: 중력장은 분명히 특별하다. 그 주제에 관한 역사를 보면 이것은 어쩐지 역설이라고 하겠다. 뉴턴은 중력 이론으로 물리학을 시작했고 이 이론은 다른 모든 물리적 상호작용에 대한 원조 패러다임이 되었다. 그러나 지금은 오히려 중력이 다른 상호작용들과는 독특하게 다르다는 것이 실제로 밝혀지고 있다. 중력만이 블랙홀과 정보 소실에 관한 심오한 시사점을 던져주면서 인과율에 영향을 주고 있다는 것이다.

제5장

양자 우주론

• 스티븐 호킹 •

나의 세 번째 강의에서는 우주론으로 돌아가겠다. 우주론은 사이비 과학으로 간주되었으며, 처음에는 유용했을지도 모르나 그 일들의 망령 앞에서 조용히 사라져갔던 물리학자들만의 분야로 간주되고는 했다. 그렇게 될 수밖에 없었던 데에는 두 가지 이유가 있었다. 첫째는 신뢰할 만한 관측이 전적으로 없었다는 것이다. 실제로 대략 1920년대까지는 중요하면서도 유일한 우주의 관측 결과는 밤에 보는 하늘은 어둡다는 것이었다. 그러나 사람들은 이의 중요성을 올바르게 인식하지 않았다. 그런데 최근에는 기술의 발달로 우주의 관측 범위와 질이 엄청나게 개선되었다. 그리하여 우주론을 관측적인 기초도 없는 과학으로 인정하려는 것 같은 이러한 반대는 더 이상 정당하지 않다.

그러나 두 번째로서 그보다 더 심각한 반대가 있다. 우주론이 초기 조건에 대해서 어떤 가정을 하지 않는다면 우주에 관해서 어느 것도 예측할 수 없다. 모두들 그러한 가정 없이 어떤 이른 시기에 물질들이 있었던 그 상태로 있었기 때문에 지금도 물질들이 현 상태로 있다고 말한다. 아직도 많은 사람들은 과학이 우주가 시간에 따라서 어떻게 진화하는지를 지배하는 국소적인 법칙에만 관심을 가져야 한다고 믿고 있다. 그들은 우주의 시작을 규정하는 경계조건은 과학이라기보다는 형이상학이나 종교에 관한 질문이라고 느낀다.

로저와 내가 증명한 정리를 보면 상황은 더욱 나빠졌다. 이 정리들은, 일반 상대성 이론에 따르면, 과거에 특이점이 있어야 한다는 것을 보여주었다. 이 특이점에서는 장 방정식이 정의될 수 없다. 그래서 고전 일반 상대성 이론은 스스로 몰락을 자초했다. 그것은 우주를 예측할 수 없다고 예언한 셈이다.

많은 사람들이 이 결론을 환영했을지라도 그것은 항상 나를 깊이 괴롭혀왔다. 물리학의 법칙들이 우주의 초기에 깨질 수 있다면, 왜 그들은 다른 곳에서는 깨질 수 없는가? 양자론에서는 절대적으로 금지되지 않는다면 어떤 것이 발생할 수 있다는 것이 하나의 원칙이다. 일단 특이점이 있는 과거들이 경로적분(path integral) 과정에 포함될 수 있다고 하면 그것들은 어디에서나 발생할 수 있고 예측 가능성은 완전히 사라져버릴 것이다. 만일 물리법칙들이 특이점에서 깨져버린다면, 그들은 어디에서나 깨질 수 있다.

과학적 이론이 성립할 수 있는 유일한 길은 물리학의 법칙이 우주의 초기를 포함한 어디에서나 성립하는지의 여부에 달려 있다. 우리는 이것을 민주주의의 승리로 간주할 수 있겠다. 다른 점에서 적용되는 법칙이 우주 초기에서는 왜 제외되어야 하는가? 모든 점들이 같다면 우리는 어떤 것이 다른 것들보다 더 특별하다는 것을 허용할 수 없다.

물리학의 법칙이 어디에서나 성립해야 한다는 아이디어를 실행하려면 특이점이 없는 계량에서만 경로적분을 행해야 한다. 보통의 경로적분에서 측정은 미분 불가능한 경로에 집중되어 있다. 그러나 이들은, 적당한 토폴로지에서 잘 정의된 작용이 있는 부드러운 경로들의 완전한 집합이다. 마찬가지로 양자 중력 이론에 대한 경로적분도 부드럽고 완비화된 계량의 공간에 걸쳐서 행해져야 한다고 생각할 수 있다. 그 경로적분은 작용이 정의되지 않는 특이점을 가지는 계량을 포함할 수 없다.

블랙홀의 경우에 경로적분은 유클리드 계량의, 즉 양수(陽數)로 한정된 계량 위에서 행해져야 하는 것을 우리는 보았다. 이것은 슈바르츠실트 해처럼, 블랙홀의 특이점이 유클리드 계량에서는 나타나지 않았다는 것을 뜻한다. 왜냐하면 유클리드 계량은 그 지평면 내부를 포함하지 않았기 때문이다. 대신 그 지평면은 극좌표의 원점과도 같았다. 그래서 유클리드 계량의 작용은 잘 정의되었다. 이것은 우주검열(특이점에서 구조의 붕괴가 어떤 물리적 측정으로 영향을 받지 않아야 함)의 양자론적 버전이라고 할 수 있다.

따라서 양자 중력에 대한 경로적분은 특이점이 없는 유클리드 계량에서 행해져야 한다. 그러나 이러한 계량에서는 어떠한 경계조건이 있어야 하는가? 거기에는 자연적으로 선택할 수 있는 오직 두 가지만 있다. 첫 번째는 한 컴팩트한 집합의 밖에 있는 평탄한 유클리드 계량으로 접근하는 계량이다. 두 번째 가능성은 컴팩트하면서 경계가 없는 계량이다.

양자 중력에 대한 경로적분의 자연스러운 선택

1. 점근적인 유클리드 계량.
2. 경계 없는 컴팩트한 계량.

점근적인 유클리드 계량의 첫 부류는 명백히 산란 계산(scattering caculation)을 할 때에 적합하다(그림 5.1). 이들 공간 안에서 사람들은 무한대로부터 입자를 보내고 다시 무한대로 무엇이 나오는지 관찰한다. 모든 관측은 무한대에서 이루어진다. 그곳에서는 평탄한 배경계량이 있고 장에서의 작은 교란을 보통 방법처럼 입자로 간주할 수 있다. 중간에 있는 상호작용 영역에서 무엇이

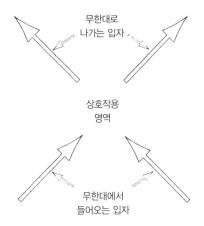

무한대로
나가는 입자

상호작용
영역

무한대에서
들어오는 입자

그림 5.1　산란 문제의 계산에서는 무한대에서 들어오는 입자와 나가는 입자를 측정한다. 그래서 우리는 점근적인 유클리드 계량을 배우기를 원한다.

일어나는지 묻지는 않는다. 그것이 왜 우리가 상호작용 영역에 대한 모든 가능한 역사에 걸쳐서, 즉 모든 점근적인 유클리드 계량에 걸쳐서 경로적분을 하는 이유이다.

　그러나 우주론에서는 무한대보다는 유한한 영역에서 이루어진 측정에 흥미가 있다. 우리는 외부에서 들여다볼 수 없는 우주의 내부에 있다. 이것이 무한대에서 이루어지는 측정과 무슨 차이가 있는지 보기 위하여, 먼저 우주론에 대한 경로적분을 모든 점근적인 유클리드 계량에 걸쳐 행해야 한다고 가정하자. 그러면 유한한 영역에서의 측정에 대한 확률을 도출하는 데에 두 가지 가능성이 있다. 첫째는 연결된 점근적 유클리드 계량으로부터 구할 수 있다. 둘째는 측정 영역과는 분리된 점근적인 유클리

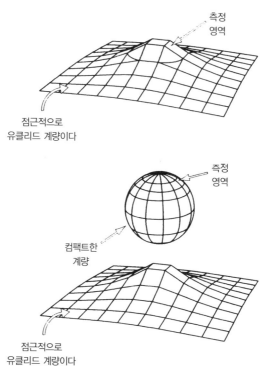

그림 5.2 우주론적인 측정은 유한한 영역에서 이루어진다. 그래서 우리는 연결된 것 (위)과 분리된 것(아래)의 두 가지 꼴의 점근적인 유클리드 계량을 생각해야 한다.

드 계량을 포함하는 컴팩트한 시공간으로 이루어진 연결되지 않은 계량으로부터 구할 수 있다(그림 5.2). 우리는 경로적분을 행할 때에 연결되지 않은 계량들을 배제할 수 없다. 왜냐하면 그것들은 작용을 무시할 수 있는 얇은 관이나 웜홀들로 서로 다른 성분들이 결합되어 연결된 계량들로 근사될 수 있기 때문이다.

연결되지 않은 컴팩트한 시공간 영역은 산란 계산에 영향을 주지 않을 것이다. 왜냐하면 그들은 모든 측정이 이루어지는 무한대로 연결되지 않기 때문이다. 그러나 유한한 영역에서 이루어지는 우주론에서의 측정은 영향을 끼칠 것이다. 실상 그러한 연결되지 않은 계량에서 계산한 결과가 연결된 점근적 유클리드 계량에서 계산한 결과보다 그 영향이 더 클 것이다. 따라서 우주론에 대한 경로적분을 모든 점근적 유클리드 계량에 걸쳐서 수행했다고 하더라도 그 효과는 마치 경로적분을 모든 컴팩트한 계량에 걸쳐서 수행한 것과도 거의 같을 것이다. 따라서 그것은 짐 하틀과 내가 1983년에 제안했던 것처럼(1983년에 하틀과 호킹이 쓴 논문 참조), 경계 없이 모든 컴팩트한 계량에 걸쳐서 우주론에 대한 경로적분을 수행하는 것이 좀더 자연스러운 것 같다.

> **무경계 가설(하틀과 호킹)**
>
> 양자 중력에 대한 경로적분은 모든 컴팩트한 유클리드 계량에 걸쳐서 실행되어야 한다.

이것을 "우주의 경계조건은 경계가 없다는 것이다"라고 알기 쉽게 말할 수 있다.

이 강의의 남은 부분에서 이 무경계 가설(無經界假說)이 우리가 사는 우주, 즉 등방적이고 균질하게 팽창하면서 약간의 건드림이 있는 우주에 대해서 상세히 설명하는 것임을 보여주겠다. 우리는 마이크로파 배경의 교란에서 이러한 건드림의 스펙트럼과 건드림의 통계분포를 관찰할 수 있다. 여태까지의 결과들은 무경계 가설의 예측과 일치한다. 무경계 가설과 전체의 유클리드 양자 중력 계획이 진정한 심사를 받을 때는 좀더 작은 각도의 규모까지 마이크로파 배경 관찰이 가능할 때이다.

무경계 가설을 사용하여 예측하려면, 우주의 상태를 기술할 수 있는 개념을 도입하는 것이 유용하다. 시공간 다양체 M이 계량 h_{ij}가 있는 3차원 다양체 Σ를 포함할 확률을 생각하자. 이 확률은 Σ 위에서 h_{ij}를 유도하는 모든 계량 g_{ab}(M에 있음)에 걸친 경로적분으로 주어진다.

$$\Sigma \text{ 위에서 유도된 계량 } h_{ij}\text{의 확률} = \int_{\substack{\Sigma \text{ 위에서 } h_{ij}\text{를 유도하는}\\ M\text{의 계량}}} d[g]e^{-I}$$

만일 M이 단순 연결되었다면(가정이겠지만), 면 Σ를 두 부분 M^+와 M^-로 나눌 것이다(그림 5.3). 이 경우에, Σ가 계량 h_{ij}를 가질 확률은 두 파동함수 Ψ^+와 Ψ^-로 인수분해될 수 있다. 이들 파동함수는 Σ 위에 주어진 3차원 계량 h_{ij}를 유도하는 각각 M^+와 M^-에 있는 모든 계량에 걸친 경로적분으로 주어진다.

$$h_{ij}\text{의 확률} = \Psi^+(h_{ij}) \times \Psi^-(h_{ij})$$

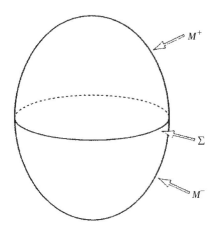

그림 5.3 면 Σ가 컴팩트하고 단순 연결된 다양체 M을 M^+와 M^-의 두 부분으로 나눈다.

이때

$$\Psi^+(h_{ij}) = \int_{\substack{\Sigma \text{ 위에서 } h_{ij} \text{를 유도하는} \\ M^+ \text{의 계량}}} d[g]e^{-I}$$

이다. 대부분의 경우에는, 두 파동함수는 같을 것이므로 어깨 기호 +와 −를 생략하겠다. Ψ를 우주의 파동함수라고 한다. 만일 물질장 ϕ가 있다면, 파동함수는 Σ 위에 있는 물질장의 값 ϕ_0에도 관계할 것이다. 그러나 닫힌 우주에는 특별히 발탁된 시간좌표가 없기 때문에 파동함수는 명백하게 시간에 따르지 않을 것이다. 무경계 가설은 우주의 파동함수가, 유일한 경계가 면 Σ인 컴팩트한 다양체 M^+에 있는 장에 걸쳐서 행한 경로적분으로 주어짐을 의미한다(그림 5.4). 경로적분은 계량 h_{ij}와 Σ에 있는 물질

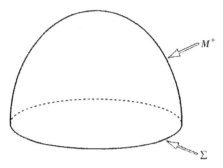

그림 5.4 파동함수는 M^+에서의 경로적분으로 주어진다.

장 ϕ_0과 일치하는 M^+에 있는 모든 계량과 물질장에 걸쳐서 행해진다.

우리는 면 Σ의 위치를 Σ의 세 좌표 x_i의 함수인 τ로 설명할 수 있다. 그러나 경로적분에 의해서 정의된 파동함수는 τ나 좌표 x_i의 선택에 따라 변한다. 이는 파동함수 Ψ가 네 개의 범함수(汎函數) 미분방정식을 만족해야 함을 의미한다. 이것들 중에서 세 방정식을 **운동량 속박**(momentum constraints) **방정식**이라고 한다.

운동량 속박 방정식

$$\left(\frac{\partial \Psi}{\partial h_{ij}}\right)_{;j} = 0$$

이들 세 방정식은 파동함수가 좌표 x_i의 변환으로 얻을 수 있

는 서로 다른 3차원 계량 h_{ij}에 대해서 같아야 한다는 사실을 나타내고 있다. 네 번째 방정식은 **휠러-디위트**(Wheeler-DeWitt) **방정식**이라고 부른다.

휠러-디위트 방정식

$$\left(G_{ijkl}\frac{\partial^2}{\partial h_{ij}\partial h_{kl}} - h^{\frac{1}{2}\,3}R\right)\Psi = 0$$

그 식은 파동함수가 τ에 무관함을 말한다. 그것을 우주의 슈뢰딩거 방정식이라고 생각할 수 있다. 그러나 파동함수는 명백하게 시간에 따르지 않으므로 시간 도함수 항을 포함하지 않는다.

우주의 파동함수를 계산하기 위하여 블랙홀의 경우처럼 경로적분에서 안장점 근사를 사용할 수 있다. 장 방정식을 만족하고 경계 Σ 위에 계량 h_{ij}를 유도하는 다양체 M^+에서 유클리드 계량 g_0를 찾는다. 그러면 배경계량 g_0 주위에서 작용을 급수 전개할 수 있다.

$$I[g] = I[g_0] + \frac{1}{2}\,\delta g I_2 \delta g + \cdots\cdots$$

이전과 같이 건드림에서는 1차항은 없어진다. 2차항은 중력자에 해당하며, 고차항은 중력자들끼리의 상호작용에 해당한다. 이

들은 배경의 곡률 반지름이 플랑크 규모에 비해 클 때는 무시될 수 있다. 그러므로

$$\Psi \approx \frac{1}{(\det I_2)^{\frac{1}{2}}} e^{-I[g_o]}$$

이다. 다음의 한 간단한 예에서 파동함수가 어떤 것인지 이해할 수 있다. 물질장이 없고 양의 우주상수 Λ가 있는 상황을 생각하자. 면 Σ로서 3차원 구를 택하고, 계량 h_{ij}로서 반지름이 a인 둥근 3차원 구의 계량을 택하자. 그러면 Σ에 의해서 닫힌 다양체 M^+로 4차원 구를 택할 수 있다. 장 방정식을 만족하는 계량은 반지름이 $\frac{1}{H}$인 4차원 구의 일부분이다. 이때 $H^2 = \frac{\Lambda}{3}$이다. 작용은

$$I = \frac{1}{16\pi} \int (R - 2\Lambda)(-g)^{\frac{1}{2}} d^4 x + \frac{1}{8\pi} \int K(\pm h)^{\frac{1}{2}} d^3 x$$

이다. 반지름이 $\frac{1}{H}$보다 작은 3차원 구 Σ의 경우에는 유클리드 해가 두 개 가능하다. M^+는 반구보다 작아질 수 있거나 커질 수 있다(그림 5.5). 그러나 우리가 반구보다 작은 경우에 해당하는 해를 찾아야 함을 보여주는 주장도 있다.

다음 그림(그림 5.6)은 계량 g_0의 작용의 변화에 따른 파동함수를 보여준다. Σ의 반지름이 $\frac{1}{H}$보다 작을 때는, 파동함수는 e^{a^2}처럼 지수함수적으로 증가한다. 그러나 a가 $\frac{1}{H}$보다 클 때는 더 작

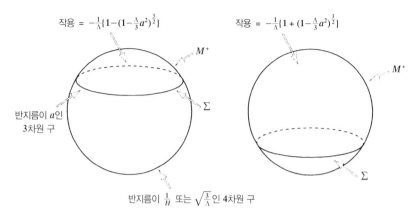

작용 $= -\frac{1}{\Lambda}\{1-(1-\frac{\Lambda}{3}a^2)^{\frac{3}{2}}\}$

작용 $= -\frac{1}{\Lambda}\{1+(1-\frac{\Lambda}{3}a^2)^{\frac{3}{2}}\}$

M^+

반지름이 a인
3차원 구

Σ

M^+

Σ

반지름이 $\frac{1}{H}$ 또는 $\sqrt{\frac{3}{\Lambda}}$ 인 4차원 구

그림 5.5 경계 Σ가 있는 두 개의 가능한 유클리드 해 M^+와 그에 대한 작용.

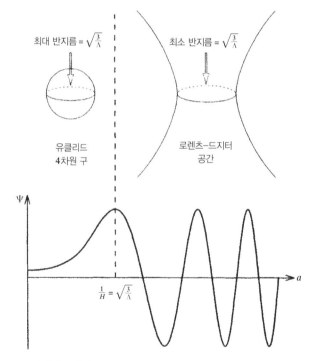

최대 반지름 $= \sqrt{\frac{3}{\Lambda}}$

최소 반지름 $= \sqrt{\frac{3}{\Lambda}}$

유클리드
4차원 구

로렌츠–드지터
공간

Ψ

$\frac{1}{H} = \sqrt{\frac{3}{\Lambda}}$

a

그림 5.6 Σ의 반지름의 함수로 파동함수가 주어진다.

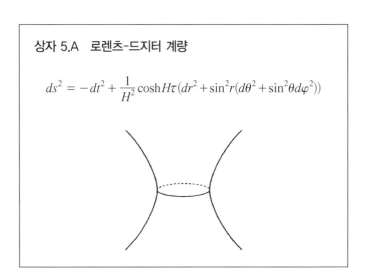

상자 5.A 로렌츠-드지터 계량

$$ds^2 = -dt^2 + \frac{1}{H^2}\cosh Ht\tau(dr^2 + \sin^2 r(d\theta^2 + \sin^2\theta d\varphi^2))$$

은 a의 결과를 해석적으로 확장할 수 있으며 아주 빠르게 진동하는 파동함수를 얻는다.

이 파동함수는 다음과 같이 해석할 수 있다. Λ항이 있고 최대의 대칭성이 있는 아인슈타인 방정식에 대한 해로서 실수시간을 고려한 해는 드지터(de Sitter) 공간이다. 이 공간은 쌍곡선 회전체로서 5차원 민코브스키 공간 내에서 묻힐 수 있다(상자 5.A). 그것은 무한히 큰 크기에서 최소의 반지름으로 줄어들고 다시 지수함수적으로 확장하는 닫힌 우주로 생각할 수 있다. 계량은 척도인자 $\cosh Ht$를 가지는 프리드만 우주 꼴로 쓸 수 있다. $\tau = it$를 대입하여 넣으면 하이퍼코사인(cosh) 함수가 코사인 함수로 바뀌어 반지름 $\frac{1}{H}$의 4차원 구 위에 유클리드 계량이 된다(상자 5.B).

$$ds^2 = d\tau^2 + \frac{1}{H^2}\cos H\tau(dr^2 + \sin^2 r(d\theta^2 + \sin^2\theta d\varphi^2))$$

그리하여 우리는 3차원 계량 h_{ij}에 따라 지수함수적으로 변하는 파동함수는 허수시간을 가지는 유클리드 계량으로부터 주어진 다는 아이디어를 얻게 된다. 반면에 빠르게 진동하는 파동함수 는 실수시간의 로렌츠 계량으로부터 주어진다.

블랙홀의 쌍생성의 경우처럼 지수함수적으로 팽창하는 우주 의 자발적인 생성을 설명할 수 있다. 유클리드 4차원 구의 아래 절반과 로렌츠 쌍곡선 회전체의 위 절반을 붙인다(그림 5.7). 우 리는 블랙홀의 쌍생성과는 다르게 드지터 우주가 이미 존재하는 공간에서 장 에너지로 생성되었다고 말할 수 없다. 대신 드지터 우주는 글자 뜻 그대로 무(無)에서 생성되었다. 우주의 밖에는 아 무것도 없으므로, 단지 진공으로부터 생성된 것이 아니라 전적 으로 아무것도 없는 것으로부터 생성되었다. 유클리드 시기에는 드지터 우주는 지구의 표면처럼 바로 닫힌 공간이지만 2차원이

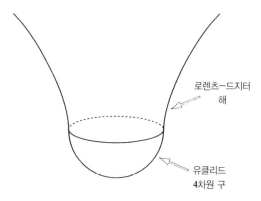

로렌츠-드지터
해

유클리드
4차원 구

그림 5.7 팽창하는 우주를 생성하기 위한 터널링(tunneling)은 유클리드 해의 절반과 로렌츠 해의 절반을 붙임으로써 설명된다.

더 있다. 우주상수가 플랑크 범위에 비해서 작다면 유클리드 4차원 구의 곡률은 작아야 한다. 이는 경로적분에 안장점 근사가 좋다는 것을 의미하고 우주의 파동함수의 계산은 곡률이 아주 클 때에 발생하는 것을 무시하는 것에 의해서 영향받지 않으리라는 것을 의미할 것이다.

정확히 둥근 4차원 구의 계량이 아닌 경계계량에 대한 장 방정식도 풀 수 있다. 3차원 구의 반지름이 $\frac{1}{H}$보다 작으면 그 방정식의 해는 실수 유클리드 계량이다. 작용은 실수가 될 것이고 파동함수는 부피가 같은 둥근 3차원 구와 비교하여 지수함수적으로 감쇠할 것이다. 만일 3차원 구의 반지름이 이 임계 반지름보다 더 크다면 두 복소 켤레인 해가 있을 것이며 파동함수는 h_{ij}의 작은 변화에 따라 빠르게 진동할 것이다.

우주론에서 이루어지는 어떤 측정이라도 파동함수로 정식화할 수 있다. 그래서 우리가 어떤 관찰의 결과를 기술할 수 있으므로 무경계 가설은 우주론을 과학으로 만들어준다. 우리가 방금 생각한 물질장이 없고 우주상수만 있는 경우는 우리가 사는 우주에 해당되지 않는다. 그럼에도 불구하고 그것은 아주 정확하게 풀 수 있는 단순한 모형이고, 우리가 보듯이 우주의 초기의 시기에 해당되기 때문에, 그것은 유용한 예이다.

드지터 우주는 파동함수로서 명백하지는 않지만 블랙홀같이 열적 성질이 있다. 차라리 슈바르츠실트 해보다 정적인 형태로 드지터 계량을 사용함으로써 이것을 보일 수 있다(상자 5.C).

드지터 계량에는 $r = \frac{1}{H}$에 겉보기 특이점이 있다. 그러나 슈바르츠실트 해처럼 그 특이점을 좌표 변환으로 제거할 수 있다. 그 특이점은 사건 지평면에 해당한다. 이 공간은 카터-펜로즈 도형에서 정사각형으로 볼 수 있다. 왼쪽의 수직 점선은 2차원 구의 반지름 r이 0인 구대칭의 중심을 나타낸다. 다른 구대칭의 중심은 오른쪽의 수직 점선으로 나타난다. 위와 아래의 수평선은 미래와 과거 무한대인데 이 경우에는 공간방향이다. 왼쪽 위에서 오른쪽 아래의 대각선은 대칭의 왼쪽 중심에 있는 관측자의 과거 경계이다. 그래서 그것은 그의 사건 지평면으로 부를 수 있다. 그러나 미래 무한대 위의 다른 장소에서 세계선이 끝나는 관측자는 다른 사건 지평면을 가진다. 그래서 드지터 공간에서 사건

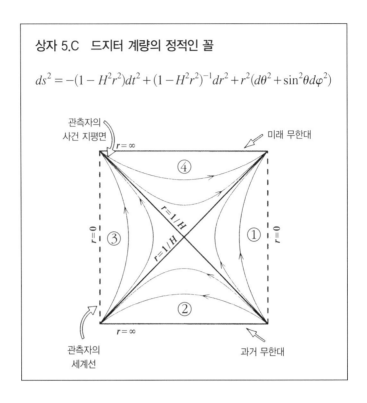

상자 5.C 드지터 계량의 정적인 꼴

$$ds^2 = -(1 - H^2r^2)dt^2 + (1 - H^2r^2)^{-1}dr^2 + r^2(d\theta^2 + \sin^2\theta d\varphi^2)$$

관측자의
사건 지평면
$r = \infty$

미래 무한대

④

$r=1/H$

$r=0$ ③

$r=1/H$

① $r=0$

②

$r = \infty$

관측자의
세계선

과거 무한대

지평면은 개인적으로 주어진다.

만약 드지터 계량의 정적인 형태로 돌아가서 $\tau = it$를 대입하면 유클리드 계량을 얻는다. 지평면에 겉보기 특이점이 있다. 그러나 새롭게 방사좌표를 정의하고 τ를 주기 $\frac{2\pi}{H}$와 같게 하면 바로 4차원 구인 정칙 유클리드 계량을 얻는다. 허수시간 좌표가 주기적이므로 드지터 공간과 그 안에 있는 모든 양자장은 마치 그들이 온도 $\frac{H}{2\pi}$에 있는 것처럼 행동할 것이다. 알다시피, 마이크로파 배경의 교란에서 이 온도의 결과를 관측할 수 있다. 유클리드-드지터 해의 작용에 대한 블랙홀의 경우와 비슷하게 적용할 수도 있다. 우리는 그것이 고유 엔트로피(사건 지평면 면적의 4분의 1인) $\frac{\pi}{H^2}$를 가짐을 알아낸다. 다시 이 엔트로피는 토폴로지의 이유 때문에 발생한다. 4차원 구의 오일러 수는 2이다. 이는 유클리드-드지터 공간 위에 대역적 시간좌표가 있을 수 없음을 의미한다. 우리는 이 우주 엔트로피를 한 관측자가 사건 지평면을 넘어선 부분의 우주에 대한 지식을 알 수 없음을 반영하는 것으로 해석할 수 있다.

$$\text{주기가 } \frac{2\pi}{H} \text{인 유클리드 계량} \rightarrow \begin{cases} \text{온도} = \dfrac{H}{2\pi} \\[2mm] \text{사건 지평면 면적} = \dfrac{4\pi}{H^2} \\[2mm] \text{엔트로피} = \dfrac{\pi}{H^2} \end{cases}$$

드지터 공간은 비어 있고 지수함수적으로 팽창하므로 우리가 살고 있는 우주로서 좋은 모형은 아니다. 우리는 관측을 통하여 우주에 물질이 있음을 안다. 그리고 마이크로파 배경과 가벼운 원소가 풍부한 것으로부터 우주가 과거에는 훨씬 더 뜨겁고 밀도가 컸음을 추론한다. 우리의 관측과 일치하는 가장 간단한 체계는 "뜨거운 빅뱅" 모형이라는 것이다(그림 5.8). 이 각본에서 우

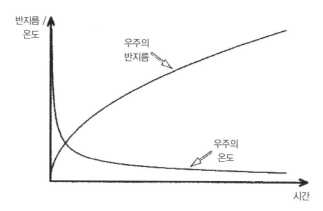

그림 5.8 뜨거운 빅뱅 모형에서 시간의 함수로 나타난 우주의 반지름과 온도.

주는 무한한 온도에서 복사로 채워진 특이점으로부터 출발한다. 우주가 팽창할 때에 복사는 식게 되고 에너지 밀도는 작아진다. 결국 복사 에너지 밀도는 비상대론적 물질의 밀도보다 작아지고 물질 우세 상태로 팽창하게 된다. 그러나 우리는 아직도 대략 절 대온도 3°K 정도의 마이크로파 복사의 배경에 있는 복사 찌꺼기 를 관측할 수 있다.

뜨거운 빅뱅 모형에서의 어려움은 초기 조건의 이론이 없는 모든 우주론마다 안고 있는 어려움이다. 그것은 예측할 수 있는 능력이 없다. 일반 상대성 이론은 특이점에서 깨어지게 되므로 빅뱅으로부터는 아무것도 나올 수 없다. 그러면 그렇게 큰 범위 에서 균질하고 등방적인 우주에 왜 아직도 은하와 별 같은 국소 적인 비정칙성이 있는가? 그리고 우주는 왜 다시 붕괴하는 것과 무한정 팽창하는 것을 나누는 기준에 그토록 가까운가? 우리가 지금 있는 것처럼 서로 가까워야 한다면, 초기의 팽창률은 환상적으로 정밀하게 선택되어야 한다. 빅뱅 이후 1초 때의 팽창률이 100억 분의 1 정도 더 작았다면 우주는 수백만 년 후에 붕괴되었을 것이다. 그것이 100억 분의 1 정도 더 컸다면 우주는 수백만 년 후에 거의 비워졌을 것이다. 이 두 가지 모두 생명이 진화하도록 충분히 길게 지속되지 않았을 것이다. 그래서 인간 중심 원리에 호소하거나 왜 우주가 현재대로 진화하게 되었는지에 대한 물리적인 해석을 찾아야 한다.

뜨거운 빅뱅 모형은 다음의 이유를 설명하지 못한다 :

1. 우주는 거의 균질하고 등방적이나 작은 건드림이 있다.
2. 우주는 다시 붕괴하기를 피하는 임계비율로 거의 정확히 팽창한다.

몇몇 사람들은 소위 **급팽창** 때문에 초기 조건에 대한 이론이 필요 없다고 주장한다. 급팽창의 아이디어는 우주가 거의 임의의 상태에서 빅뱅으로 시작되는 것이다. 적당한 조건이 주어진 우주의 그러한 부분에 급팽창이라고 부르는 지수함수의 팽창 시기가 있다. 이것은 1,000조의 1,000조 배 이상 크게 그 지역의 크기가 커질 뿐만 아니라, 그 지역을 균질하고 등방적으로 남겨

둔 채 바로 다시 붕괴를 피할 임계비율로 팽창하도록 한다. 그것은 지적 생명체가 급팽창한 지역에서만 진보되어야 함을 주장하고 있다. 그래서 우리의 영역이 균질하고 등방적이며 바로 임계비율로 팽창하고 있다는 것은 놀랄 만한 일은 아니다.

그러나 급팽창만으로는 우주의 현 상태를 설명할 수 없다. 현재의 우주 상태를 임의로 택해서 시간적으로 거꾸로 달리게 한다면 이것을 볼 수 있다. 우주에 충분한 물질이 있다고 가정한다면 특이점 정리는 과거에 특이점이 있었음을 의미한다. 빅뱅에서 우주의 초기 조건을 이 모형의 초기 조건으로 선택하자. 이런식으로 빅뱅의 임의의 초기 조건이 현재의 어떤 상태로든 진화할 수 있음을 보일 수 있다. 대부분의 초기 상태가 오늘날 우리가 관찰하는 것 같은 상태로 진화한다고 주장할 수도 없다. 우리의 우주 같은 우주로 진화하게 하는 초기 조건과 그렇지 않게 하는 조건 모두 자연적인 한계는 없다. 그러므로 어느 것이 다른 것보다 더 크다고 말할 수조차 없다.

반면에 우주상수가 없고 물질장이 없는 중력의 경우에 무경계 조건은 양자론의 한계에서 예측 가능한 우주로 변화할 수 있다. 이 특별한 모형은 우주상수가 0이거나 아주 작고, 물질이 많은 우리가 사는 우주를 서술하지는 않는다. 그래서 우주상수를 없애고 물질장을 포함시킴으로써 좀더 사실적인 모형을 얻을 수 있다. 특별히 포텐셜 $V(\phi)$인 스칼라 장 ϕ이 필요해진다. V는

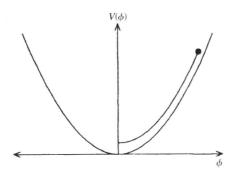

그림 5.9 질량이 있는 스칼라 장에 대한 포텐셜.

$\phi = 0$에서 최소값이 0이라고 가정하겠다. 간단한 예는 질량이 있는 스칼라 장의 경우인 $V = \frac{1}{2}m^2\phi^2$이다(그림 5.9).

> **스칼라 장의 에너지-운동량 텐서**
>
> $$T_{ab} = \phi_{,a}\phi_{,b} - \frac{1}{2}g_{ab}\phi_{,c}\phi^{,c} - g_{ab}V(\phi)$$

에너지-운동량 텐서를 보면 ϕ의 기울기가 작을 때에 $V(\phi)$은 유효 우주상수처럼 행동할 것이라는 것을 알 수 있다.

파동함수는 유도계량 h_{ij}에 따라서 변할 뿐만 아니라 Σ 위에서의 ϕ값인 ϕ_0에 따라서도 변할 것이다. 작은 둥근 3차원 구의 계량과 ϕ_0의 값이 클 때에 장 방정식을 풀 수 있다. 그러한 경계를 가지는 풀이는 근사적으로 4차원 구의 일부분이고 ϕ장은 거의 일정하다. 이것은 포텐셜 $V(\phi)$이 우주상수 역할을 하는 드지터의 경우와 같다. 마찬가지로, 3차원 구의 반지름 a가 유클리드 4차원 구보다 약간 크다면, 두 개의 복소 켤레 해가 있을 것이다. 이것은 유클리드 4차원 구와 거의 ϕ가 상수인 로렌츠–드지터 해를 결합한 것과 같다. 그래서 무경계 가설은 드지터의 경우처럼 이 모형에서도 지수함수로 팽창하는 우주의 자발적 생성을 예측하고 있다.

이제 이 모형이 어떻게 변할지 생각해보자. 드지터의 경우와는 다르게, 이 모형은 지수함수 팽창을 무한정 계속하지는 않을 것이다. 스칼라 장은 포텐셜 V의 언덕을 내려와서 $\phi=0$에 있는 최소값으로 달려갈 것이다. 그러나 ϕ의 초기 값이 플랑크 값보다 크다면, 굴러 내려오는 비율은 팽창하는 시간의 범위에 비해 늦을 것이다. 그래서 그 우주는 아주 큰 인자로 인해서 거의 지수함수로 팽창할 것이다. 스칼라 장이 거의 1의 크기로 내려갈 때는 $\phi=0$ 주위로 진동하기 시작할 것이다. 대부분의 포텐셜 V의 경우에, 그 진동은 팽창시간에 비해 빠를 것이다. 이러한 스칼라 장 진동에서 에너지는 다른 입자의 쌍으로 전환되고 우주를 데울 것이라고 가정한다. 그러나 이것은 시간의 화살에 관한 가정에 따른다. 이 시간의 화살에 대해서는 곧 돌아와 언급하겠다.

큰 인자에 의한 지수함수 팽창은 우주를 거의 정확히 임계비율

(열린 우주와 닫힌 우주를 나누는 경계)의 팽창 상태로 남겨둔다. 그래서 무경계 가설은 왜 우주가 아직 그렇게 임계비율의 팽창에 가까운지 설명해줄 수 있다. 그 가설이 우주의 균질성과 등방성에 대해서 무엇을 예측하는지 보려면 둥근 3차원 구 계량의 건드림인 3차원 계량 h_{ij}를 생각해야 한다. 이 계량을 구면 조화함수로 전개할 수 있다. 거기에는 스칼라 조화함수, 벡터 조화함수, 텐서 조화함수의 세 종류가 있다. 벡터 조화함수는 잇따른 3차원 구 위의 x_i 좌표의 변환에 해당하고 동역학적 역할은 없다. 텐서 조화함수는 팽창하는 우주에서 중력파에 해당하고 스칼라 조화함수는 부분적으로는 좌표 자유도, 부분적으로는 밀도 건드림에 해당한다.

텐서 조화함수 — 중력파
벡터 조화함수 — 게이지
스칼라 조화함수 — 밀도 건드림

파동함수 Ψ를 반지름 a의 둥근 3차원 구 계량의 파동함수, Ψ_0 곱하기 조화함수의 계수들의 파동함수로 쓸 수 있다.

$$\Psi[h_{ij}, \phi_0] = \Psi_0(a, \bar{\phi})\, \Psi_a(a_n)\Psi_b(b_n)\Psi_c(c_n)\Psi_d(d_n)$$

그러면 파동함수에 대한 휠러-디위트 방정식을 반지름 a와 평균 스칼라 장 $\bar{\phi}$에도 모든 차수까지 전개할 수 있으나 건드림에서는 1차까지이다. 배경계량의 시간좌표에 대한 건드림 파동함수의 변화율을 나타내는 슈뢰딩거 방정식의 한 계열을 구한다.

슈뢰딩거 방정식

$$i\frac{\partial \Psi(d_n)}{\partial t} = \frac{1}{2a^3}\left(-\frac{\partial^3}{\partial d_n^2} + n^2 d_n^2 a^4\right)\Psi(d_n),\ \text{등등}$$

무경계 조건을 사용하여 건드림 파동함수에 대한 초기 조건을 얻을 수 있다. 우리는 작지만 약간 뒤틀린 3차원 구에 대한 방정식을 푼다. 그 결과 지수함수로 팽창하는 시기에는 건드림 파동함수를 얻게 된다. 그러면 슈뢰딩거 방정식을 사용하여 그 파동함수를 진화시킬 수 있다.

중력파에 해당하는 텐서 조화함수는 생각하기에 가장 간단하다. 그들은 게이지 자유도가 없고 물질 건드림과 직접 상호작용을 하지 않는다. 무경계 조건을 이용해서 건드림이 있는 계량에서 텐서 조화함수의 계수 d_n의 초기 파동함수를 구할 수 있다.

바닥 상태

$$\Psi(d_n) \propto e^{-\frac{1}{2}na^2 d_n^2} = e^{-\frac{1}{2}\omega x^2},$$

이때 $x = a^{\frac{3}{2}} d_n$, $\omega = \dfrac{n}{a}$이다.

우리는 그것이 중력파의 진동수로 진동하는 조화 진동자에 대한 파동함수의 바닥 상태임을 알게 된다. 우주가 팽창하면 그 진동수는 작아질 것이다. 진동수가 팽창률 $\dot{a}/a$보다 크다면, 슈뢰딩거 방정식은 파동함수가 단열적으로 느슨해지도록 해주고 그 모드는 바닥 상태에 남아 있을 것이다. 그러나 결국 진동수는 지수함수 팽창 시기 동안에 거의 일정했던 팽창률보다 작아질 것이다. 이 일이 일어날 때는, 슈뢰딩거 방정식은 더 이상 파동함수를 빠르게 바꿀 수 없어서 진동수가 변하는데도 파동함수는 바닥 상태에 남아 있게 된다. 대신 진동수가 팽창률 아래로 떨어질 때는 그것이 가졌던 모양을 동결시키게 될 것이다.

지수함수 팽창 시기가 끝난 후, 팽창률은 모드의 진동수보다 빠르게 감소할 것이다. 이것은 팽창률의 역수인 관측자의 사건 지평면이 모드의 파장보다 빠르게 증가한다고 말하는 것과 같다. 그래서 급팽창 시기 동안에 파장은 지평면보다 길어질 것이고 나중에 지평면 안으로 들어올 것이다(그림 5.10). 그러면 파동함수는 아직 동결될 때와 같은 상태일 것이다. 그러나 진동수는 더 작아질 것이다. 그러므로 파동함수는 파동함수가 동결되어 있었을 때처럼 바닥 상태라기보다는 높이 들뜬 상태에 해당한다. 중력파 모드의 이러한 양자론적 들뜸은, 파동함수가 동결된 시기에 진폭이 (플랑크 단위로) 팽창률과 같은 마이크로파 배경에서의 각도적 교란을 만들 것이다. 그래서 마이크로파 배경에

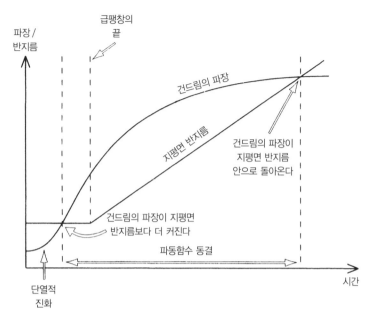

파장/
반지름

급팽창의
끝

건드림의 파장

지평면 반지름

건드림의 파장이
지평면 반지름
안으로 돌아온다

건드림의 파장이 지평면
반지름보다 더 커진다

파동함수 동결

단열적
진화

시간

그림 5.10   급팽창할 때 시간의 함수로 나타난 파장과 지평면 반지름.

서 교란의 10만 분의 1만큼의 교란을 관측한 COBE의 결과는
파동함수가 동결될 때에 에너지 밀도에서 플랑크 단위로 약 100
억 분의 1만큼의 상한을 정한다. 이는 내가 사용한 근사가 맞을
정도로 충분히 작다.

그러나 중력파 텐서 조화함수는 동결 시기에 밀도의 상한만을
결정한다. 그 이유는 스칼라 조화함수가 마이크로파 배경에서
더 큰 교란을 주는 것으로 밝혀졌기 때문이다. 3차원 계량 h_{ij}에
는 두 가지의 스칼라 조화함수 자유도가 있고, 스칼라 장에는 하
나가 있다. 그런데 이들 스칼라 자유도 중에서 두 개는 좌표 자

시간과 공간에 관하여

유도에 해당한다. 그래서 오직 하나의 물리적인 스칼라 자유도만 있으며 그것은 밀도 교란에 해당한다.

만일 그 파동함수가 동결되고 다른 것은 그후에 동결될 때까지의 기간에 대해서 하나의 좌표를 택한다면, 스칼라 건드림에 대한 분석은 텐서 조화함수에 대한 분석과 비슷해진다. 한 좌표계를 다른 것으로 전환하면, 진폭은 팽창률의 인자만큼 곱해지고 ϕ의 평균 변화율로 나누어지게 된다. 이 인자는 포텐셜의 기울기에 따를 것이나 합리적인 포텐셜에 대해서는 적어도 10이 될 것이다. 이는 밀도 교란이 생성한 마이크로파 배경의 교란은 적어도 중력파에 의한 것보다 10배 더 크다는 것을 의미한다. 그래서 파동함수가 동결되는 시기에 에너지 밀도의 상한은 플랑크밀도의 1조 분의 1에 불과하다. 이는 내가 사용해왔던 근사가 타당한 범위 내에 제대로 있음을 말한다. 그래서 우주 초기에서조차도 끈 이론이 필요 없는 것 같다.

각도의 척도(angular scale)가 있는 교란의 스펙트럼은 현재의 관측 정밀도 내에서 거의 척도에 자유로워야 한다고 예측한 것과 일치한다. 그리고 그 밀도 건드림의 크기는 바로 은하와 별의 형성을 설명하는 데에 요구되는 크기이다. 그래서 무경계 가설은 우리들 자신같이 미미한 불균질성까지도 포함하여 우주의 모든 구조를 설명할 수 있는 것 같다.

COBE 예측 더하기 중력파 건드림	$\Rightarrow$	에너지 밀도 상한, 플랑크 밀도의 100억 분의 1
더하기 밀도 건드림	$\Rightarrow$	에너지 밀도 상한, 플랑크 밀도의 1조 분의 1
초기 우주의 고유 중력온도	$\approx$	플랑크 온도의 100만 분의 $1 = 10^{26}$도

마이크로파 배경의 건드림이 스칼라 장 ϕ의 열적 교란으로부터 발생한다고 생각할 수 있다. 급팽창 시기는 팽창률 나누기 2π의 온도를 가지고 있다. 왜냐하면 그것은 허수시간이 거의 주기함수이기 때문이다. 그래서 어떤 의미에서는 원시 블랙홀을 찾을 필요가 거의 없다. 우리는 이미 10^{26}도 정도의, 또는 플랑크 온도의 100만 분의 1에 해당하는 정도의 고유 중력온도를 관측했다.

우주의 사건 지평면과 관련된 고유 엔트로피는 얼마인가? 이것을 관측할 수 있는가? 나는 우리가 관측할 수 있으리라고 생각한다. 그리고 우리가 관측할 수 있다는 사실은 은하와 별들 같은 천체들이 비록 양자 교란에 의해서 형성된다고 하더라도 결국 그것들은 고전적 물체라는 사실에 해당한다고 생각한다. 만일 특정한 시간에 전체의 우주를 짜내는 공간방향 면 Σ 위에서 우주를 바라본다면 그 우주는 파동함수 Ψ로 서술되는 하나의

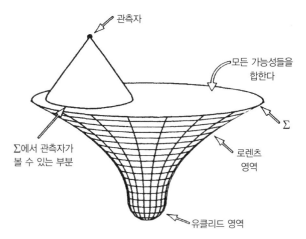

관측자

모든 가능성들을
합한다

Σ에서 관측자가
볼 수 있는 부분

로렌츠
영역

Σ

유클리드 영역

그림 5.11 관측자는 임의의 면 Σ의 일부분만 볼 수 있다.

양자 상태이다. 그러나 우리는 Σ의 절반 이상을 절대로 볼 수 없고, 우리의 과거 빛원뿔을 넘어선 은하가 무엇과 같을지는 완전히 무시한다. 이는 관측에 대한 확률을 계산하는 데에서 우리가 관측하지 못하는 Σ의 부분에 대한 모든 가능성들을 합해야 한다는 것을 의미한다(그림 5.11). 그렇게 합한 효과는 우리가 관측하는 우주의 일부분을 하나의 양자 상태에서 소위 **혼합 상태** — 다른 가능성들의 통계적 앙상블 — 로 바꾸는 것이다. 만약 한 계가 양자론적 방법보다 고전적 방법 안에서 행동하는 것이라면 그러한 소위 탈일관성(脫一貫性, decoherence)이 필요하다. 사람들은 보통 열 저장소같이 측정되지 않는 외부의 계와의 상호작용으로써 일관성을 벗어나는 것을 설명하려고 애쓴다. 나는

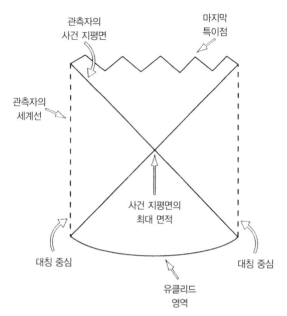

관측자의
사건 지평면

마지막
특이점

관측자의
세계선

사건 지평면의
최대 면적

대칭 중심

유클리드
영역

대칭 중심

그림 5.12 관측자가 우주의 전체를 볼 수 있기 전에 우주는 마지막 특이점으로 붕괴될 것이다.

우주의 경우에는 외부의 계가 없으나 우리가 고전적 행동을 관측하는 이유가 우리가 오직 우주의 일부분만을 볼 수 있기 때문이라고 제안하겠다. 나중의 시간에는 우주를 모두 볼 수 있고 사건 지평면은 사라지리라고 생각할지도 모른다. 그러나 이것은 바른 경우가 되지 못한다. 무경계 가설은 우주가 공간적으로 닫혀 있음을 의미한다. 닫힌 우주는 관측자가 우주 전체를 보기 전에 다시 수축할 것이다. 나는 우주가 최대로 팽창한 시각에 그러한 우주의 엔트로피가 사건 지평면 면적의 4분의 1임을 보여주려고 애썼다(그림 5.12). 그러나 바로 지금 그 비례상수가 $\frac{1}{4}$이 아니라 $\frac{3}{16}$인 듯싶다. 명백히 나는 틀린 길에 서 있거나 무엇인가를 놓치고 있는 것이다.

나는 로저와 내가 아주 다른 견해를 가지고 있는 주제인 **시간의 화살**에 관해서 설명하는 것으로 이번 강의를 마무리짓겠다. 우주에서 우리가 살고 있는 영역에서 시간의 앞방향과 뒷방향에는 아주 분명한 차이가 있다. 그 차이를 보려면 필름을 거꾸로 돌려서 보기만 하면 된다. 컵이 탁자에서 떨어지고 부서지는 대신, 그들은 스스로 수선하여 탁자 위로 튀어 돌아간다. 실제로 생명도 그 같은 것이기만 하면 좋겠는데.

물리적 장이 따라야 하는 국소적 법칙은 시간에 대해서 대칭인데 이를 더 정밀히 말하자면 CPT 불변이다. 그래서 과거와 미래 사이에서 관측된 차이는 우주의 경계조건으로부터 나와야 한다. 우주가 공간적으로 닫혀 있고 최대 크기로 커지다가 다시 수축한다고 하자. 로저가 강조했듯이 우주의 이 역사의 두 끝은 아주 다를 것이다. 우주의 시작이라고 불리는 곳에서는 아주 부드럽고 정칙이었을 법하다. 그러나 다시 붕괴할 때는 그것이 아주 무질서하고 비정칙이리라고 기대한다. 질서 있는 것보다 무질서한 배열이 너무 많기 때문에 이것은 초기 조건이 믿기 어려울 정도로 정밀하게 선택되어야 한다는 의미이다.

그러므로 시간의 두 끝에는 다른 경계 조건이 있어야 하는 듯

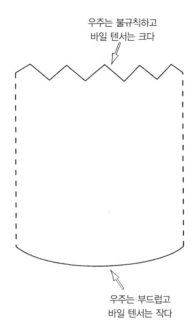

우주는 불규칙하고
바일 텐서는 크다

우주는 부드럽고
바일 텐서는 작다

그림 5.13　우주의 두 끝을 구별짓는 바일 텐서 가설.

하다. 로저의 제안은 바일 텐서가 한 시간의 끝에는 사라져야 하고 다른 끝에는 그렇지 않다는 것이다. 바일 텐서는 아인슈타인 방정식을 통해 물질에 의해서 국소적으로 결정이 되지 않는 시공간의 곡률의 일부분이다. 부드럽고 질서 있는 초기 상태에서, 바일 텐서는 작았었으나, 붕괴하는 우주에서는 커진다. 그래서 이 제안은 시간의 두 끝을 구별하고 시간의 화살을 설명하는 것 같다(그림 5.13).

　로저의 제안은 하나 이상의 의미에서 바일이라고 생각한다.

첫째로 그것은 CPT 불변이 아니다. 로저는 이것을 장점으로 보지만, 그 대칭성을 포기할 어쩔 수 없는 이유가 없다면 대칭성을 붙들고 늘어져야 한다고 나는 느끼고 있다. 내가 주장하는 것처럼, CPT를 포기할 필요가 없다. 둘째로 초기 우주에서 바일 텐서가 정확히 0이었다면, 우주는 정확히 균질했었고 등방적이었으며 항상 내내 그렇게 남아 있어야 했다. 로저의 바일 가설은 배경에서의 교란을 설명할 수 없으며 은하와 우리 같은 신체를 유발하는 건드림을 설명할 수 없다.

> **바일 텐서 가설에 대한 문제**
>
> 1. CPT 불변이 아니다.
> 2. 바일 텐서는 정확히 0이 될 수 없다. 작은 교란을 설명하지 못한다.

이러함에도 불구하고 로저는 시간의 양끝 사이에 있는 중요한 차이를 정확하게 지적했다고 생각한다. 그러나 한 끝에 바일 텐서가 작았다는 사실이 특별한 경계 조건으로 부과될 수 없으나, 보다 근본적인 원리 — 무경계 가설 — 에서 유도되어야 한다. 우리가 보았던 것처럼, 이는 로렌츠-드지터 해의 절반을 연결한 유클리드 4차원 구의 절반에 관한 건드림이 바닥 상태에 있음을 의미한다. 즉, 그들은 가능한 한 작고 불확정성 원리와 일치했다.

그래서 이것이 로저의 바일 텐서 조건을 의미한다. 바일 텐서는 정확히 0이 되지는 않으나 과거에 그랬던 것처럼 거의 0이 될 것이다.

처음에 나는 바닥 상태에 있는 건드림에 관한 주장이 팽창과 수축 순환의 양끝에 적용된다고 생각했다. 우주는 부드럽고 질서 있게 시작해서 팽창할수록 더 무질서해지고 비정칙이 된다. 그러나 그것이 작아지면 부드럽고 질서 있는 상태로 돌아가야 한다고 생각했다. 이는 열역학적 시간의 화살이 수축할 때에는 거꾸로 가야 함을 의미했다. 깨진 컵이 스스로 수선하여 탁자 위로 튀어 올라갈 것이다. 우주가 다시 작아질수록 사람들은 더 젊어지고, 더 늙지 않는다. 다시 우주가 수축하여 우리가 젊음을 되찾기를 기다리는 것은 너무 오래 걸리기 때문에 그렇게 좋은 것은 아니다. 그러나 우주가 수축할 때에 만약 시간의 화살이 거꾸로 간다면 블랙홀 안에서도 거꾸로 가야 한다. 그러나 생명을 연장하려는 방법으로 블랙홀로 뛰어드는 것을 권하지는 않겠다.

나는 우주가 다시 수축할 때에 시간의 화살이 거꾸로 갈 것이라고 주장한 논문을 쓴 적이 있다. 그러나 그후에 돈 페이지와 레이먼드 래플럼과의 토의를 통해서 내가 아주 큰 실수를 했음 — 적어도 물리에서 실수를 했음 — 을 확인했다. 우주는 붕괴할 때에 부드러운 상태로 돌아가지 않는다. 이것은 시간의 화살이 거꾸로 가지 않음을 의미한다. 팽창하는 것처럼 같은 방향으

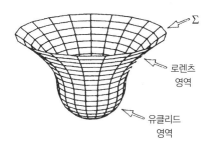

그림 5.14 작은 로렌츠 영역과 연결된 유클리드 4차원 반구.

로 가리키는 것을 계속한다.

시간의 양끝이 어떻게 다를 수 있는가? 왜 한쪽 끝에서는 건
드림이 작고 다른 끝에는 그렇게 되지 않는가? 그 이유는 작은
3차원 구의 경계에 맞는 장 방정식에 두 개의 가능한 복소 해가
있기 때문이다. 한 해는 일찍이 내가 서술한 것이다. 그것은 대략
유클리드 4차원 구의 절반에 로렌츠-드지터 해의 작은 부분을
붙인 것이다(그림 5.14). 다른 가능한 해는 같은 절반의 유클리드
4차원 구와 아주 큰 반지름으로 팽창하다가 주어진 경계의 작은
반지름으로 재수축하는 로렌츠 해를 결합한 것이다(그림 5.15).
명백히, 하나의 해는 시간의 한 끝에 다른 해는 다른 끝에 해당
한다. 두 끝 사이의 차이는 건드림이 3차원 계량 h_{ij}에서 짧은 로
렌츠 시기만을 가진 첫 번째 해의 경우에 심하게 감쇠한다는 사
실에서 나온다. 그러나 팽창했다가 수축하는 해의 경우에는 건
드림이 심각하게 감쇠하지 않고 아주 커질 수 있다. 이것이 로저

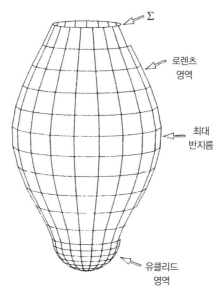

로렌츠
영역

최대
반지름

유클리드
영역

그림 5.15　최대의 반지름으로 팽창하다가 다시 수축하는 로렌츠 영역과 연결된 유클리드 4차원 반구.

가 지적했던 두 시간의 끝 사이의 차이를 유발한다. 한 끝에서 우주는 아주 부드럽고 바일 텐서는 아주 작았다. 그러나 그것은 명백히 0이 될 수 없었다. 왜냐하면 그것은 불확정성 원리를 위반하기 때문이다. 대신 작은 교란이 있어서 나중에 은하나 우리 같은 물체로 자라게 된다. 이와 대조적으로, 일반적으로 바일 텐서가 큰 시간의 다른 끝에서는 매우 비정칙적이고 혼돈의 상태가 될 것이다. 이는 관측된 시간의 화살과, 컵이 스스로 수리하거나 튀어 올라가지 않고 탁자에서 떨어져 깨지는 이유를 설명해준다.

시간의 화살이 거꾸로 가지 않을 예정이므로 — 그리고 나의 시간을 다 썼기 때문에 — 나의 강의를 끝내는 것이 좋겠다. 나는 시간과 공간에 대해서 내가 배웠던 두 가지 가장 놀랄 만한 특징으로 내가 생각한 것을 강조했다. (1) 중력은 시공간이 시작과 끝이 있도록 말아올린다. (2) 중력 자신이 그것이 활동하는 다양체의 토폴로지를 결정하기 때문에, 중력과 이로부터 발생하는 열역학 사이에는 깊은 관계가 있다.

시공간의 양의 곡률은 고전 일반 상대성 이론이 부서졌던 특이점을 생성했다. 우주검열은 블랙홀 특이점으로부터 우리를 가려버리나 빅뱅을 충분히 정면에서 볼 수 있다. 고전 일반 상대성 이론은 우주가 어떻게 시작할지 예측할 수 없다. 그러나 무경계 가설과 함께 양자론적 일반 상대성 이론은 우리가 관측하는 것처럼 우주를 예측하고 있으며, 마이크로파 배경에서 관측된 교란의 스펙트럼까지도 예측한다. 그러나 고전론이 잃어버린 예측 가능성을 양자론이 회복시킨다고 하더라도 완전하지는 못했다. 블랙홀과 우주의 사건 지평면 때문에 시공간의 전체를 볼 수 없으므로 우리의 관측은 하나의 상태에 의해서라기보다는 양자 상태들의 앙상블에 의해서 기술된다. 이것은 보다 높은 수준의 예측 불가능성을 도입하도록 해주지만, 우주가 고전적으로 나타나는 이유가 될지도 모른다. 이것은 슈뢰딩거 고양이를 절반은 살고 절반은 죽는 상태에 있는 위험으로부터 구출한다.

물리학에서 예측 가능성을 제거하고 나서 그것을 다시 돌려 놓는다는 것은 (그러나 축소된 의미로) 확실히 성공 사례이다. 나는 이만 마치겠다.

제6장

시공간을 트위스터로 취급하기

• 로저 펜로즈 •

스티븐의 마지막 강의에 관하여 몇 가지 언급을 하는 것으로 이번 강의를 시작하겠다.

• **고양이의 고전성** 스티븐은 시공간의 어떤 영역에 가까이 하기 어렵기 때문에 밀도행렬 방법을 사용해야 한다고 주장했다. 그러나 이 밀도행렬 방법은 우리 영역에서 관측한 결과의 고전적인 성질을 설명하기에 충분하지 않다. 살아 있는 고양이의 상태인 |살아 있음⟩이나 죽은 고양이의 상태인 |죽어 있음⟩을 찾는 데에 해당하는 밀도행렬은 다음 두 중첩의 혼합을 기술하는 것과 같은 밀도행렬이다.

$$\frac{1}{\sqrt{2}}(|\text{살아 있음}\rangle + |\text{죽어 있음}\rangle)$$과

$$\frac{1}{\sqrt{2}}(|\text{살아 있음}\rangle - |\text{죽어 있음}\rangle)$$

그래서 밀도행렬만으로는 우리가 살아 있는 고양이와 죽은 고양이를 보고 있는지 또는 이 두 중첩들 중의 하나를 보고 있는지 설명하지 못한다. 내가 지난 강의의 끝에 애써 주장했듯이, 우리는 이 밀도행렬보다 더 적절한 것이 필요하다.

- **바일 곡률 가설**　내가 스티븐의 입장을 이해한다는 측면에서 보면 우리는 이 점에서 크게 불일치한다고 생각하지 않는다. 초기 특이점의 경우에는 바일 곡률은 거의 0이고 마지막 경우에는 바일 곡률이 아주 크다. 스티븐은 초기 상태에 미소한 양자 요동이 있어야 한다고 주장했고 초기 바일 곡률이 정확히 0이라는 가설은 합리적일 수 없다고 지적했다. 나는 이것이 진짜로 불일치한다고 생각하지는 않는다. 바일 곡률이 초기 특이점에서 0이라는 말은 고전적이다. 그리고 가설을 정밀하게 언급하는 데에는 분명히 약간의 융통성이 있다. 나의 견해로는 확실히 양자론적인 영역에서는 작은 요동은 받아들일 만하다. 우리는 그저 그것이 거의 0이 되도록 무엇인가 제안할 필요가 있다. 초기 우주에는 (물질로 인해서) 리치 텐서에 열

적인 요동을 우리는 기대할 수 있다. 그리고 궁극적으로는 불안정성으로 인해서 태양 질량의 100만 배인 블랙홀을 형성하도록 진행될 것이다. 이런 블랙홀에 있는 특이점 부근에서는 바일 곡률이 커질 것이다. 이런 것들은 초기의 특이점이라기보다는 마지막 꼴의 특이점인데 바일 곡률 가설과 일치한다.

　나는 바일 곡률 가설이 "식물학적", 즉 설명적이라기보다는 현상론적이라고 하는 스티븐에 동의한다. 그것을 설명하기 위해서는 밑에 깔려 있는 이론이 필요하다. 아마 하틀과 호킹의 "무경계 가설"이 **초기** 상태의 구조를 설명하는 데에 좋은 후보일 것이다. 그러나 나로서는 **마지막** 상태를 잘 수습하기 위해서는 아주 다른 무엇인가가 필요한 것 같다. 특별히, 특이점 구조를 설명하는 이론은 T, PT, CT, CPT를 위반하게 되어 바일 곡률 가설의 본질에 대한 어떤 것들이 생길 수 있게 된다. 이렇게 시간 대칭이 실패한다는 사실은 아주 미묘할지도 모른다. 양자론을 넘어서는 그 이론의 규칙 안에서 암시적이어야 할 것이다. 스티븐은 잘 알려진 양자장 이론의 정리의 관점에서 그 이론은 CPT 불변이어야 한다고 주장했다. 그러나 이 정리의 증명에서는 보통 양자장 이론 규칙을 적용하고 배경공간이 평탄하다는 가정을 하고 있다. 스티븐과 나는 두 번째 조건이 맞지 않는다는 데에 동의한다고 생각하며, 나는 첫 번째 가정도 실패라고 믿는다.

스티븐이 무경계 가설에 대하여 제안하고 있는 관점은 화이트홀이 없다는 것을 의미하지는 않는 듯싶다. 내가 스티븐의 견해를 바르게 이해하고 있다면 무경계 가설은 근본적으로 두 가지 해를 가짐을 의미한다고 생각한다. 특이점으로부터 먼 곳으로 갈 때에 건드림이 증가하는 해 (A)와 건드림이 사라지는 해 (B)이다. (A)는 근본적으로 빅뱅에 해당하며 (B)는 블랙홀의 특이점이나 빅 크런치를 설명한다. 열역학 제2법칙으로 결정되는 시간의 화살은 (A)해에서 (B)해로 이동한다. 그러나 무경계 가설의 이러한 해석이 (B) 꼴의 화이트홀을 어떻게 배제하는지 모른다. 이와 분리된 쟁점으로서 나는 "유클리드화 과정"에 관해서도 염려스럽다. 스티븐의 주장은 우리가 유클리드 해와 로렌츠 해를 같이 붙일 수 있다는 사실에 의지하고 있나. 그러나 그것이 유클리드 부분과 로렌츠 부분을 다 가지기를 요구하기 때문에 이렇게 할 수 있는 공간은 아주 희박할 뿐이다. 일반적인 경우는 확실히 그것과는 거리가 아주 멀다.

트위스터와 트위스터 공간

양자장 이론에서 유클리드화의 유용성의 토대를 이루는 것은 진정 무엇인가? 양자장 이론에서는 장의 물리량들이 양의 진동수 부분과 음의 진동수 부분으로 나누어져야 한다. 양의 진동수 부분은 시간에 따라서 앞으로 전파하고 음의 진동수 부분은 뒤로 전파한다. 이론의 전파인자(傳播因子, propagator)를 얻으려면 양의 진동수 (즉, 양의 에너지) 부분을 골라 집어내는 방법이 필요하다. 이 분리작업을 이루는 하나의 (다른) 틀이 **트위스터**(twistor) **이론**이다. 사실 이 분리 문제는 트위스터의 원래의 중요한 동기 중의 하나였다(1986년에 펜로즈가 쓴 논문 참조).

이것을 자세히 설명하려면 양자론에서 기본인 복소수와 (우리가 찾아야 되겠지만) 시공간 구조의 토대를 이루는 그 구조를 생각해야 한다. 복소수는 x, y가 실수일 때 $z = x + iy$의 형태를 이루는 수이다. 이때 $i^2 = -1$이며 이러한 복소수의 집합을 $\mathbb{C}$로 표현한다. 이들 수를 하나의 평면(복소평면) 위에서, 만일 무한대의 점이 추가되면 구(**리만 구**) 위에서 나타낼 수 있다. 이 구는 해석학과 기하학 같은 수학의 많은 영역에서뿐만 아니라 물리학에서도 많이 쓰이는 아주 유용한 개념이다. 그 구는 (무한대에 있는 한 점과 함께) 하나의 평면 위로 사영될 수 있다. 그 구의 적도를 지나는 평면을 택하고 남극과 구의 면 위에 임의의 점을 연결하자. 이 선이 평면과 만나는 점은 평면 위에서 해당하는 점이다. 이러한 사상(寫像)에서 북극은 원점으로 남극은 무한대로, 실수축은 북극과 남극을 지나가는 수직 원으로 가는 것에 주의하자. 우리는 실수들이 적도에 해당하도록 그 구를 회전시킬 수 있으

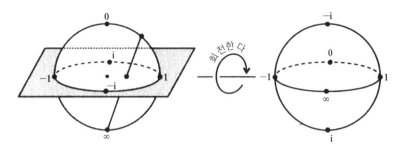

그림 6.1 모든 복소수와 무한대 ∞를 함께 나타낸 리만 구.

며 당분간 이 방법을 채택하기를 원한다(그림 6.1).

실변수 x의 복소함수 $f(x)$가 주어졌다고 하자. 앞에서 설명한 대로 f를 적도상에서 정의되는 함수로 생각할 수 있다. 이 관점의 장점은 f가 양의 진동수인지 음의 진동수인지 결정하는 자연적인 기준이 있다는 것이다. 북반구에서 f가 복소해석적인 함수로 확장될 수 있다면 $f(x)$는 양의 진동수 함수이고, 남반구도 비슷하게 확장될 수 있다면 f는 음의 진동수 함수이다. 일반적인 함수도 양과 음의 진동수 부분으로 분리될 수 있다. 트위스터 이론의 아이디어는 대역적 방법으로 시공간 자신 위에 이 방책(方策)을 사용하는 것이다. 민코프스키 공간 위에 하나의 물질장이 있고 우리는 그것을 양과 음의 진동수 부분으로 나누기를 원한다. 이 분리를 이해하는 방법으로서 트위스터 공간을 구축해야 한다(트위스터에 대해서 좀더 정보가 필요하면 1986년에 펜로즈와 린들러가 쓴 책들을 참조. 1985년에 허기트와 토드가 쓴 책도 참조).

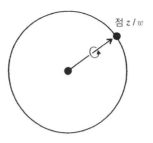

점 z/w

그림 6.2 스핀이 $\frac{1}{2}$인 입자에 대한 스핀 방향의 공간은 진폭 w(스핀이 위 방향)와 z(스핀이 아래 방향)의 비 z/w값을 가지는 리만 구이다.

이것을 자세히 이야기하기 전에, 물리학에서 리만 구의 두 가지 중요한 역할을 생각하자.

1. 스핀이 $\frac{1}{2}$인 입자의 파동함수는 "위"와 "아래"의 1차 중첩으로 쓸 수 있다.

$$w|\uparrow\rangle + z|\downarrow\rangle$$

우리는 이 상태를 리만 구 위의 점 z/w로 나타낼 수 있다. 그리고 이 점은 스핀의 양의 축이 중심으로부터 나와 구와 만나는 곳에 해당한다. (스핀이 더 크면 원래 마조라나가 1932년에 보였듯이 보다 복잡한 구조가 된다. 1994년에 쓴 펜로즈의 논문을 보라. 여전히 리만 구를 사용하고 있다.) 이것은 양자론의 복소진폭과 시공간 구조를 관련짓고 있다(그림 6.2).

2. 시공간의 한 점에서 별을 보고 있는 관측자를 생각하자. 그는 구 위에 이 별들의 각도위치를 그린다고 상상하자. 지금 만일 제2의 관측자가 첫 관측자와는 상대속도를 가지고 동시에 같은 점을 지나간다면, 수차(abberation) 효과에 따라 제2관측자는 구 위의 다른 위치에 별을 사상(寫像)시킬 것이다. 놀랄 만한 사실은 구 위에서 점들의 다른 위치들은 **뫼비우스 변환**이라는 특별한 변환으로 관련되어 있다는 점이다. 그러한 변환은 리만 구의 복소구조를 보존하는 군(群)을 이룬다. 그래서 한 시공간 점을 지나는 광선들의 공간은 본질적 의미에서 리만 구이다. 더 나아가 다른 속도를 가지는 관측자들과 관련되는 물리학의 기본적인 대칭군인, (제한된) 로렌츠 군이 가장 간단한 1차원 (복소) 다양체인 리만 구의 보형군(auto-morphic group)으로 현실화될 수 있다는 것은 무척 아름답다는 것을 나는 안다(그림 6.3과 1984년에 펜로즈와 린들러가 쓴 책 참조).

트위스터 이론의 기본 아이디어는 양자론과 시공간 구조 사이의 이러한 연결을 — 리만 구에서 명백했던 바와 같이 이 아이디어를 시공간 전체로 확장함으로써 — 이용하려고 노력하는 것이다. 우리는 전체 광선을 시공간 점보다 더 기본적인 것으로 간주하도록 애써야 한다. 이런 식으로 시공간을 두 번째 개념으로 간

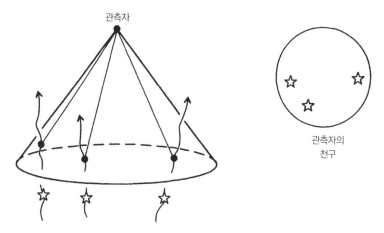

관측자

관측자의
천구

그림 6.3 상대성 이론에서 천체의 구는 자연적으로 리만 구이다.

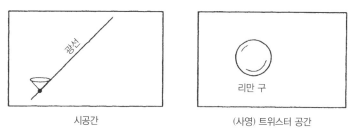

광선

시공간

리만 구

(사영) 트위스터 공간

그림 6.4 기본적인 트위스터 대응관계에서는, (민코프스키) 공간에 있는 광선들이 (사영) 트위스터 공간에서 점들로 나타나고 시공간 점들은 리만 구로 나타난다.

주하고 트위스터 공간 — 초기에는 광선의 공간 — 을 보다 근본
적인 공간으로 간주하자. 이들 두 공간은 시공간의 광선들이 트
위스터 공간의 점들을 나타내는 대응으로 인해서 서로 관련되어
있다. 시공간의 한 점은 그것을 지나가는 광선들의 집합으로 표
현된다. 트위스터 공간은 물리를 기술하는 공간으로서 생각해야
한다(그림 6.4).

여기까지 내가 표현한 대로 보면 트위스터 공간은 (실수) 5차원이고 복소공간이 아닐 것이다. 왜냐하면 복소공간은 항상 짝수 공간이기 때문이다. 만일 광선을 광자의 역사로 생각한다면 광자의 에너지와 그것의 왼손 또는 오른손 방향의 헬리시티(helicuty: 소립자 운동방향의 스핀 성분의 값/역주)도 고려해야 할 필요가 있다. 이것은 바로 광선보다는 약간 더 복잡하지만 그러나 이것의 장점은 복소 사영 3차원 공간(실수 6차원) $\mathbb{CP}^3$으로 끝난다는 것이다. 이것이 **사영 트위스터 공간**(PT)이다. 이것은 공간 $\mathbb{PT}$를 두 부분, 즉 왼손 방향 조각 $\mathbb{PT}^-$, 오른손 방향 조각 $\mathbb{PT}^+$으로 나누는 5차원 부분공간 $\mathbb{PN}$을 가진다.

지금 시공간의 점들이 네 개의 실수로 주어졌고, 사영 트위스터 공간이 네 복소수들의 비율 값에 의해서 좌표화될 수 있다. 만일 트위스터 공간에서 (Z^0, Z^1, Z^2, Z^3)로 표현된 한 광선이 시공간에서 점 (r^0, r^1, r^2, r^3)을 지나가면 **입사관계**

$$\begin{pmatrix} Z^0 \\ Z^1 \end{pmatrix} = \frac{i}{\sqrt{2}} \begin{pmatrix} r^0+r^3 & r^1+ir^2 \\ r^1-ir^2 & r^0-r^3 \end{pmatrix} \begin{pmatrix} Z^2 \\ Z^3 \end{pmatrix} \tag{6.1}$$

를 만족한다. 입사관계 (6.1)은 트위스터 공간에서 해당하는 기저를 만들어준다.

여기에서 몇 스피너 기호들을 도입할 필요가 있다. 보통 사람들이 혼동하는 것이지만 자세히 계산할 때에 이 기호들은 절대적으로 수월하다. 임의의 4차원 벡터 r^a는 $r^{AA'}$로 나타내는데, 성분의 행렬은 다음과 같다.

$$r^{AA'} = \begin{pmatrix} r^{00'} & r^{01'} \\ r^{10'} & r^{11'} \end{pmatrix} = \frac{1}{\sqrt{2}} \begin{pmatrix} r^0 + r^3 & r^1 + ir^2 \\ r^1 - ir^2 & r^0 - r^3 \end{pmatrix}$$

r^a가 실수라는 조건은 단순히 $r^{AA'}$가 **헤르미션**(Hermitian)이라는 것이다. 트위스터 공간의 한 점은 두 개의 스피너로 나타나는데 각각의 성분은

$$\omega^A \equiv \begin{pmatrix} \omega^1 \\ \omega^2 \end{pmatrix} = \begin{pmatrix} Z^0 \\ Z^1 \end{pmatrix}, \quad \pi_{A'} \equiv \begin{pmatrix} \pi_{0'} \\ \pi_{1'} \end{pmatrix} = \begin{pmatrix} Z^2 \\ Z^3 \end{pmatrix}$$

이다. 입사관계 (6.1)은

$$\omega = ir\pi$$

가 된다.

$$r^a \mapsto r^a - Q^a$$

로 대치되는 원점의 이동에서는

$$\omega^A \mapsto \omega^A - iQ^{AA'}\pi_{A'}$$

로 되는 것에 유의하라. 이때 $\pi_{A'}$은 바뀌지 않는다.

$$\pi_{A'} \longmapsto \pi_{A'}$$

트위스터는 질량이 없는 입자의 운동량 P_a의 네 성분(그중 독립인 것은 셋)과 각운동량 M^{ab}의 여섯 성분(그중 독립인 것은 넷)을 나타낸다. 그 표현은

$$p_{AA'} = \mathrm{i}\bar{\pi}_A \pi_{A'}, \quad M^{AA'BB'} = \mathrm{i}\omega^{(A}\pi^{B)}\varepsilon^{A'B'} - \mathrm{i}\varepsilon^{AB}\omega^{(A'}\pi^{B')}$$

이다. 이때 괄호는 대칭부분이고 ε^{AB}와 $\varepsilon^{A'B'}$은 반대칭인 레비-치비타(Levi-Civita) 기호이다. 이 표현들은 운동량 p_a가 빛의 방향이고 미래를 향하고 있는 사실과 파울리-루반스키(Pauli-Lubanski) 스핀 벡터가 헬리시티 s 곱하기 4차원 운동량이라는 사실을 결합하고 있다. 이 양들은 트위스터 변수(ω^A, $\pi_{A'}$)를 전면적인 트위스터 위상 곱수까지 결정한다. 헬리시티는

$$s = \frac{1}{2}Z^\alpha \bar{Z}_a$$

로 쓸 수 있다. 이때 트위스터 $Z^\alpha = (\omega^A, \pi_{A'})$의 켤레 복소수는 **쌍대** 트위스터인 $\bar{Z}_a = (\bar{\pi}_A, \bar{\omega}^{A'})$이다. (켤레 복소수는 어깨 점이 있

는 것과 없는 스피너 지표를 바꾸어주고 트위스터를 쌍대로 바꾸어준다.) 여기에서 $s > 0$인 경우는 오른손 입자에 해당하므로 트위스터 공간의 위 절반 $\mathbb{PT}^+$에 해당하며, $s < 0$은 왼손 입자, 즉 트위스터 아래 절반 $\mathbb{PT}^-$에 해당한다. 실제의 광선은 $s = 0$인 경우이다. (광선의 공간, $\mathbb{PN}$에 대한 방정식은 그래서 $Z^\alpha \bar{Z}_\alpha = 0$, 즉 $\omega^A \bar{\pi}_A + \pi_{A'} \bar{\omega}^{A'} = 0$이다.)

양자화된 트위스터

우리는 트위스터 양자 이론을 가지기를 원하므로 이를 위해서 트위스터 파동함수, 복소함수 $f(Z^\alpha)$를 트위스터 공간에 정의할 필요가 있다. Z^α가 모든 운동량 변수처럼 위치변수와 관련된 성분을 포함하고 있고 동시에 이들은 모두 한 파동함수에서 사용할 수 없으므로 **임의의** 함수 $f(Z^\alpha)$가 선험적으로 파동함수는 아니다. 위치와 운동량은 교환하지 못한다. 트위스터 공간에서 교환관계들은

$$[Z^\alpha, \bar{Z}_\beta] = \hbar \delta^\alpha_\beta \quad [Z^\alpha, Z^\beta] = 0 \quad [\bar{Z}_\alpha, \bar{Z}_\beta] = 0$$

이다. 그래서 Z^α와 $\bar{Z}_\alpha$는 켤레 변수이고, 파동함수는 둘 중 하나

만의 (그리고 다른 것은 아니고) 함수여야 한다. 이는 파동함수가 Z^α의 복소해석적 (또는 그렇지 않으면 반[反]복소해석적) 함수여야 함을 의미한다.

우리는 지금 앞의 표현들이 어떻게 연산자 순서에 따르는지 점검해보아야 한다. 운동량과 각운동량에 대한 표현들이 순서와는 관계 없고 정준적으로 결정되는 것으로 밝혀졌다. 반면에 헬리시티에 대한 표현은 순서에 따라 변하므로 우리는 이것을 바르게 정의해야 한다. 이를 위해서 대칭곱을 하면

$$s = \frac{1}{4}(Z^\alpha \bar{Z}_\alpha + \bar{Z}_\alpha Z^\alpha)$$

이다. Z^α 공간에서 이것은

$$s = \frac{\hbar}{2}\left(-2 - Z^\alpha \frac{\partial}{\partial Z^\alpha}\right)$$
$$= \frac{\hbar}{2}(-2 - Z^\alpha\text{에서의 균질도})$$

로 다시 표현될 수 있다. 우리는 s의 고유 상태로 파동함수를 분해할 수 있다. 그러면 이것은 명백히 균질성을 가진 파동함수이다. 예를 들면 헬리시티가 0인 스핀이 없는 입자는 균질도가 -2인 트위스터 파동함수를 가진다. 헬리시티가 $s=-\frac{\hbar}{2}$인 왼손 스핀 $\frac{1}{2}$ 입자는 균질도가 -1인 트위스터 파동함수를, 헬리시티가 $s=\frac{\hbar}{2}$

인 오른손의 그러한 입자는 균질도가 −3인 트위스터 파동함수를 가진다. 스핀이 2일 때 오른손 및 왼손 트위스터 파동함수는 균질도가 각각 −6과 +2이다.

결국 일반 상대성 이론은 좌우 대칭이므로 이는 약간 한쪽으로 기운 것 같다. 그러나 자연은 좌우 비대칭이므로 이것은 그렇게 나쁜 것은 아니다. 더 나아가, 아슈테카르의 "새로운 변수"(그것은 일반 상대성 이론에서 아주 강력한 도구이다)도 역시 좌우 비대칭이다. 우리가 이렇게 다른 방법으로 좌우 비대칭을 끌어내게 됨은 흥미롭다.

균질도의 표를 역전시키고 하나의 헬리시티를 Z^α, 다른 것을 $\bar{Z}_\alpha$로 사용하면서 $Z^\alpha \leftrightarrow \bar{Z}_\alpha$로 바꿈으로써 대칭을 회복할 수 있다고 생각할지 모른다. 그러나 우리가 보통 양자론에서 위치와 운동량 공간 그림을 이처럼 동시에 섞을 수 없는 것처럼, 마찬가지로 Z^α와 $\bar{Z}_\alpha$ 그림을 섞을 수 없다. 우리는 하나를 택해야 하거나 다른 것을 택해야 한다. 하나 혹은 다른 것 중에서 어느 것이 더 근본적인지는 밝혀져야 할 것으로 남아 있다.

다음에 우리는 $f(Z)$를 시공간적으로 설명하고 싶다. 이것은 윤곽선 적분(contour integral)

$$\left\{ \begin{array}{c} \phi_{A' \cdots G'}(r) \\ \text{또는} \\ \phi_{A \cdots G}(r) \end{array} \right\} = \int_{\omega = \mathrm{i}r\pi} \left\{ \begin{array}{c} \pi_{A'} \cdots \pi_{G'} \\ \text{또는} \\ \dfrac{\partial}{\partial \omega^A} \cdots \dfrac{\partial}{\partial \omega^G} \end{array} \right\} f(Z^\alpha) \pi_{E'} d\pi^{E'}$$

으로 된다. 이때 적분은 r로 입사하는 Z들의 공간에서 윤곽선을 따라 수행되고(Z는 ω와 π의 두 부분으로 이루어졌음을 기억하라), π나 $\partial/\partial\omega$의 개수는 장의 스핀(그리고 왼손-오른손 방향성)에 따라 변한다. 이 방정식은 질량이 없는 입자의 장 방정식을 자동적으로 만족하는 시공간 장 $\phi_{...}(r)$을 정의해준다. 그래서 트위스터 장을 복소해서적으로 속박하는 것은 질량이 없는 입자의, 적어도 평탄한 공간에서 선형장에 대해서 혹은 아인슈타인 장의 약한 에너지 한계에서, 모든 지저분한 장 방정식을 암호로 고쳐 쓴다.

기하학적으로 시공간에서 점 r은 트위스터 공간에서는 $\mathbb{CP}_1$ 선(리만 구이다)이다. 이 선은 $f(Z)$가 정의된 영역을 통해서 빠져나가야 한다. $f(Z)$는 일반적으로 어디에서나 정의되지 않으며, 특이점이 있는 장소가 있다(실제로, 그 윤곽선 적분을 계산하기 위하여 이러한 특이한 영역을 둘러싼다). 수학적으로 좀더 정밀히 말하자면, 트위스터 파동함수는 **코호몰로지**(cohomology) 원소이다. 이를 이해하려면 우리가 흥미 있는 트위스터 공간의 일부 지역의 열린 이웃의 집합을 생각하자. 그러면 트위스터 함수는 이러한 열린 집합의 쌍들의 **공통집합** 위에 정의되어야 한다. 이는 그것이 첫째 "층공간(sheaf) 코호몰로지"의 원소임을 의미한다. 나는 이에 대해서 더 자세히 설명하지 않겠다. 그러나 층공간 코호몰로지는 사용하기에 좋은 전문용어이다.

우리가 진정 원하는 것은 양자장 이론과 비슷하게 장의 진폭의 양의 진동수와 음의 진동수 부분을 분리하는 법이라는 것을 지금 기억하자. 만일 $\mathbb{PN}$ 위에 정의된 트위스터 함수를 (첫 코호몰로지의 원소로서) 트위스터 공간의 위 절반 부분 $\mathbb{PT}^+$까지 확장한다면, 그것은 양의 진동수의 것이다. 만일 그것을 아래 절반 부분 $\mathbb{PT}^-$까지 확장한다면, 그것은 음의 진동수의 것이다. 그래서 트위스터 공간은 양과 음의 진동수의 개념을 포획하고 있다.

이렇게 분리하여 트위스터 공간에서 양자물리를 사용할 수 있다. 앤드루 호지스(1982년, 1985년, 1990년에 쓴 논문 참조)는 트위스터 도형을 사용하여 양자장 이론으로의 접근법을 개발했는데 이는 시공간에서 파인먼 도형과 유사하다. 그는 이를 이용하여 양자장 이론을 조직화하는(regularizing) 매우 진기한 방법들을 따라갔다. 이는 보통의 시공간 접근으로 채택되리라고는 생각하지 않은 체계였으나 트위스터 그림에서는 매우 자연스러웠다. 원래 마이클 싱어(1989년에 호지스, 펜로즈, 싱어가 쓴 논문 참조)에 의해서 나온 아이디어인 새로운 각도의 발생은 **등각장 이론**(conformal field theory)을 자극하기도 했다. 스티븐은 그의 첫 강의에서 끈 이론에 관해서 몇 가지 경멸적인 언급을 했으나 나는 끈 이론의 세계면(世界面)에서의 장 이론인 등각장 이론은 매우 아름다운(비록 전체적으로 보아서 물리적인 것은 아니지만) 이론이라고 생각한다. 그것은 임의의 리만 면(리만 구가 가

장 간단한 예이나 도넛 모양이나 "프레첼" 같은 모든 1차원 복소
다양체를 포함하게 된다)에서 정의된다. 트위스터의 경우에 우리
는 경계가 $\mathbb{P}N$의 복제품인 복소 3차원 다양체(예를 들면 시공간
에서 광선의 공간)까지 등각장 이론을 일반화할 필요가 있다. 이
부분에 대해서 연구가 진행되고 있으나 아직 많이 진척되지는
않았다.

휘어진 공간에 대한 트위스터

여기까지 우리가 한 것은 평탄한 시공간에만 관련된 것이었으나
실제로는 시공긴이 휘어졌다는 것을 우리는 안다. 우리는 휘어
진 시공간에 적용되어 어떤 자연적인 방법으로 아인슈타인 방정
식을 다시 만드는 트위스터 이론이 필요하다.

만일 시공 다양체가 등각적으로 평탄하다면(다른 말로 하면
바일 텐서가 0이다), 트위스터 이론은 기본적으로 등각불변이므
로 트위스터가 있는 공간을 기술하는 데에 아무 문제가 없을 것
이다. 등각적으로 평탄하지 않은 다양한 시공간에서 작동하는 트
위스터 아이디어도 있다. 예를 들면 준국소적 질량의 정의(펜로
즈가 1982년에, 토드가 1990년에 쓴 논문 참조), 우드하우스-메
이슨(1988년에 쓴 논문 참조; 1990년에 플레처와 우드하우스가

쓴 논문도 참조)의 정상 축대칭 진공(평탄한 시공간 위에 반-자기 쌍대 양-밀즈 장[anti-self dual Yang-Mills field]을 구축한 1977년의 워드의 작업에 기초했다; 1983년에 워드가 쓴 논문도 참조) 같은 경우의 구축인데, 그것은 적분 가능 계(系)에 아주 일반적인 트위스터 방법으로 접근한 일부분이다(1996년에 메이슨과 우드하우스가 쓴 책 참조).

그러나 좀더 일반적인 시공간에도 잘 대처할 수 있고 싶어진다. 반-자기-쌍대 바일 텐서(즉, 바일 텐서 절반의 자기-쌍대는 0이다)를 가진 복소화(혹신 "유클리드화")된 시공간 M의 경우에 이 문제를 충분히 설명해주는(1976년에 펜로즈가 쓴 논문 참조) 구축(소위 비선형 중력자 구축)이 있다. 이것이 어떻게 되는지 보려면 한 선의 관 모양의 이웃으로 이루어진 트위스터 공간의 한 부분, 또는 그와 비슷한 것(즉, 윗부분 혹은 양의 진동수 부분 $\mathbb{P}T^+$)을 택하고, 그것을 둘 이상의 조각으로 자르자. 그러면 그것은 서로 상대적으로 이동된 채 함께 뒤로 붙는다. 일반적으로 원래의 공간 P에서의 직선은 새로운 공간 $\mathcal{P}$에서는 부러질 것이다. 그러나 부드럽게 같이 연결된 곡선들이 있다면 원래의 (지금은 부러진) 직선 대신 새로운 복소해석적 곡선을 찾을 수 있다. P에서 $\mathcal{P}$로의 변형이 그렇게 크지 않다면 이렇게 얻은 복소해석적 곡선들은 ─ 원래의 선과 같은 토폴로지 가족에 속하면서 ─ 4차원 족을 이룬다. 이러한 복소해석적 곡선을 나타내는

시공간을 트위스터로 취급하기

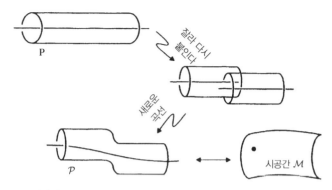

그림 6.5 비선형 중력자 구축.

점이 있는 공간은 우리의 반-자기-쌍대 (복소) "시공간" M이다 (그림 6.5). 지금 우리는 (리치-평탄한) 아인슈타인 진공 방정식을 P가 사영선 $\mathbb{CP}_1$ 위에 복소해석적 파이버화라는 조건으로(다른 부드러운 조건과 함께) 암호화할 수 있다. 이 모든 것들은 P에서 P가 **자유** 복소해석적 함수로 주어진 채 나타낼 수 있다. 그리고 원칙상 (비록 요구하는 복소해석적 곡선을 P에서 찾는 것이 어려운 일이라고 하더라도) 굽은 시공간 M의 모든 정보가 이러한 함수로 기호화된다.

우리는 진정으로 (마지막 구축만이 절반의 바일 텐서가 0인 축소된 문제를 풀기 때문에) **전체**의 아인슈타인 방정식을 풀기를 원하나, 그 문제는 아주 어려워서 지난 20여 년간 많은 공격을 받아왔다. 그런데 나는 지난 수년 동안 새롭게 접근하려고 애써 왔다(1992년에 펜로즈가 쓴 논문 참조). 아직까지 그 문제의 해를 찾지는 못했지만, 그것은 앞으로 가장 그럴듯한 방법인 듯싶다. 실제로 트위스터와 아인슈타인 방정식 사이에는 깊은 관계가 나타난다. 이 관계를 다음 두 가지 관찰로 지적된다.

1. 진공 아인슈타인 방정식 $R_{ab}=0$은 헬리시티가 $s=\frac{3}{2}$(장이 전위로 주어질 때)인 질량이 없는 장에 대해서도 모순이 없는 조건이다.

2. 평탄한 시공간 M에서는 $s=\frac{3}{2}$인 장의 전하공간은 정확히 트위스터 공간이다.

그러므로 우리가 앞으로 수행할 프로그램은 다음과 같다. 리치-평탄한 시공간이 주어졌을 때(즉 $R_{ab}=0$), $s=\frac{3}{2}$인 장이 있는 전하공간을 찾도록 한다(이것은 쉬운 일이 아니다). 그러면 리치-평탄한 시공간의 트위스터 공간이 된다. 두 번째 단계는 자유 복소해석적 함수를 사용하여 그러한 트위스터 공간을 구축하는 법을 찾는다. 그리고 마지막으로 각각의 경우에 트위스터 공간에 원래 시공간 다양체를 재구축하는 법을 찾는다.

우리가 시공간을 재구축할 때에 휘어진 구조를 주어야 하므로 이 트위스터 공간이 선형이기를 기대하지는 않는다. $s=\frac{3}{2}$인 장의 전하와 전위가 비국소적이므로 그 구축도 묘하게 아주 비국소적이어야 한다. 이는 지난 나의 강의(제4장)에서 논의된 EPR

실험(이 실험은 시공간에서 멀리 떨어진 지역 내의 물체들이 다른 것과 어느 정도 얽혀 있을 수 있음을 의미한다)이 비국소적 물리학을 설명하는 데에 도움이 되기를 기대한다.

트위스터 우주론

나는 (그것이 조금은 작위적이지만) 우주론과 트위스터에 관해서 언급하면서 이번 강의를 마치려고 한다. 나는 바일 곡률 텐서가 과거 특이점에서 0이고 그 시공간은 그곳에서 등각적으로 평탄하다고 말했다. 이는 초기 상태가 아주 간단한 트위스터로 서술됨을 의미한다. 이 설명은 시간이 지날수록 더욱 복잡해지고 바일 곡률은 더욱 퍼지게 된다. 이러한 꼴의 행위는 우주의 시공간 기하에서 관측된 시간 비대칭성과 일치한다. 트위스터의 복소해석적 이념의 견해에서 보면 열린 우주를 말해주는 $k < 0$인 빅뱅이 선호된다(스티븐은 닫힌 우주를 선호한다). 그 이유는 $k < 0$인 우주에서 유일한 초기 특이점의 대칭군은 복소해석적 군, 즉 바로 리만 구 $\mathbb{CP}_1$의 복소해석적인 자기-변환(self-transformation)의 뫼비우스 군(즉 제한된 로렌츠 군)이다. 이것은 맨 먼저 트위스터 이론을 시작했던 군이다. 그래서 트위스터 이념적인 이유로 나는 확실히 $k < 0$을 선호한다. 이것은 오직 이념에만 근거를

두고 있기 때문에 미래에 내가 틀렸고 우주가 사실 닫힌 것으로 판명이 난다면 물론 철회할 수 있다.

질문과 답

질문: 헬리시티가 $\frac{3}{2}$인 상태의 물리적 의미는 무엇인가?

답: 스핀을 $\frac{3}{2}$으로 한 이러한 접근은 실제의 물리적 장이 아니면 오히려 트위스터 정의로서 여분의 장이다. 나는 그것이 사람이 발견할 수 있는 입자의 장이라고는 생각하지 않는다. 반면에 초대칭의 견해로 보면, 그것은 중력자의 초동반자(超同伴者, superpartner)이다.

질문: 지난번에 언급했던 시간 비대칭 R-과정이 트위스터의 견해의 어디에서 나타나는가?

답: 트위스터 이론은 매우 보수적인 이론이고 아직까지는 시간 비대칭에 관해서 아무 말도 하지 않는다는 것을 이해해야 한다. 나는 트위스터 이론에서 시간 비대칭이 나타나는 것을 몹시 보고 싶지만, 현재로서는 이것이 막연히 좌/우 비대칭 같은 비슷한 방법일지도 모른다. 역시 조직화 책략에 대한 앤드루 호지스의 접근법은 기술적으로 시간 비대칭을 도입해주나 이에 대해서는 아직 먼지도 묻지 않았다.

질문: 어느 비선형 양자장 이론이 트위스터 이론에 가장 잘 따르는가?

답: 지금까지는 주로 표준모형이 트위스터 도형의 문맥에서 분석되어 왔다.

질문: 끈 이론은 명백히 입자의 스펙트럼을 예측한다. 이것은 트위스터 이론에서 어디에서 나타나는가?

답: 거기에는 이 입자 스펙트럼에 대한 몇 가지 아이디어가 있을지라도 입자 스펙트럼이 결국 어떻게 나타날지는 모른다. 그러나 나는 "입자의 스펙트럼을 명백히 예측할" 끈 이론을 배우고 싶다. 나의 견해는 질량들이 일반 상대성 이론과 단단히 묶여 있으므로 트위스터의 틀 안에서 일반 상대성 이론을 이해할 때까지는 이 문제를 풀 수 없을 것 같다는 것이다. 그러나 어떤 의미에서는 이것이 끈 이론의 견해이다.

질문: 연속/불연속에 대한 트위스터의 견해는 무엇인가?

답: 트위스터에 대한 다른 초기의 동기는 스핀 회로 이론이었다. 사람들은 스핀 회로 이론에서 이산조합 양자 규칙(discrete combinatorial quantum rule)으로부터 공간을 구축하도록 노력하고 있다. 게다가 이산적인 것으로부터 트위스터 이론을 구축하도록 애쓸 수 있다. 그러나 수년이 지난 후의 경향은 조합방법보다 복소해석적인 것으로 옮겨가고 있으나 이 현상이 이산적 관점이 열등하다는 것을 의미하지는 않는다. 아마 이산적 개념과 복소해석적 개념 사이에는 깊은 관계가 있을 것이다. 그러나 아직까지는 이것이 어떤 명백한 방법으로 나타나지는 않았다.

제7장

토론

• 스티븐 호킹과 로저 펜로즈 •

스티븐 호킹

이 강의들은 로저와 내가 다른 점을 아주 명백하게 보여주었다. 그는 관념론자이고 나는 실증론자이다. 그는 슈뢰딩거의 고양이가 반은 살아 있고 반은 죽어 있는 양자 상태에 있는 것을 두려워한다. 그는 그것이 실체에 대응될 수 없다고 느끼고 있다. 그러나 그가 그렇게 느끼는 것이 나를 괴롭히지는 않는다. 나는 하나의 이론이 실체와 대응하리라고 요구하지는 않는다. 왜냐하면 그것이 무엇인지 모르기 때문이다. 실체는 여러분이 리트머스 종이로 검사할 수 있는 품질이 아니다. 내가 관심을 가지는 모든 것은 이론이 측정의 결과만을 기술해야 한다는 것이다. 그것은 관찰의 결과로서 "고양이가 살아 있거나 죽어 있다"는 것을 예측한다. 그것은 여러분이 약간 임신할 수 없다는 것과 흡사하다. 여러분은 임신했거나 그렇지 않은 것이다.

로저 같은 사람들이 동물 해방전선을 언급하는 것이 아닌데도 슈뢰딩거의 고양이에 반대하는 이유는 $\frac{1}{\sqrt{2}}$(고양이$_{살아\ 있음}$＋고양이$_{죽어\ 있음}$)과 같이 상태를 표현하는 것이 불합리해 보이기 때문이다. 왜 $\frac{1}{\sqrt{2}}$(고양이$_{살아\ 있음}$－고양이$_{죽어\ 있음}$)은 그렇지 않은가? 그렇게 말하게 되는 다른 이유는 고양이$_{살아\ 있음}$과 고양이$_{죽어\ 있음}$ 사이에 간섭이 있는 것 같지 않다는 것이다. 여러분은 다른 슬릿을 통해서 가는 입자들 사이에 간섭을 얻을 수 있다. 왜냐하면 측정하지 않은 환경으로부터 그들을 잘 고립시킬 수 있기 때문이다. 그러나 고양이처럼 큰 것들을 전자기장에 의해서 운반되는 보통 분자들 사이의 힘으로부터 고립시킬 수는 없다. 슈뢰딩거의 고양이와 뇌수술을 설명하기 위하여 양자 중력을 사용할 필요가 없는 것이다. 그것은 사람의 관심을 다른 곳으로 돌린다.

나는 우주의 사건 지평면 때문에 슈뢰딩거의 고양이가 죽거나 살아 있는 형태의 혼합 상태가 아니고 죽어 있거나 또는 살아 있는 고전적인 동물로 보인다고 심각하게 제안한 것은 아니었다. 내가 말했듯이, 고양이가 있는 방의 나머지 부분으로부터 고양이를 고립시키기란 너무 어려워서 우주의 멀리까지 도착한다는 것에 관하여 염려할 필요도 없다. 내가 말했던 모든 것은 우리가 아주 정밀하게 마이크로파 배경 가운데 교란을 관측할 수 있었다고 하더라도 그것들은 고전적 통계분포로 나타날 것이라는 것이다. 우리는 다른 모드들의 교란들 사이에 간섭이나 상관관계 같은 어떤 양자 상태 성질들을 측정할 수 없다. 우리가 전체의 우주에 대해서 말할 때는 슈뢰딩거 고양이의 경우에 가졌던 것 같은 외부환경을 가지지 못한다. 그러나 우리는 우주 전체를 볼 수 없기 때문에 일관성을 잃게 되고 고전적으로 행동하게 될 것이다.

로저는 내가 유클리드 방법을 사용하는 것에 의문을 가졌다. 특별히 그는 내가 로렌츠 기하와 연결된 유클리드 기하를 끌어들인 그림에 반대한다. 그가 직설적으로 말하듯이, 이것은 아주 특수한 경우에만 가능하다. 일반적인 로렌츠 시공간은, 계량이 실수이고 양수로 한정되거나 유클리드 계량의 복소 다양체에서 일부분을 소유하지 않을 것이다. 그러나 이것은 중력장이 아닌 보통의 경우에 대한 유클리드 경로적분 접근조차도 오해하는 것이다. 양-밀즈 경우를 보라. 그것은 잘 이해되고 있다. 여기에서는 민코프스키 공간에서 $e^{i \times 작용}$의 모든 연결자에 걸친 경로적분으로부터 시작한다. 이 적분은 진동하고 수렴하지 않는다. 더 좋게 행동하는 경로적분을 얻으려고 허수시간 좌표 $\tau = -it$를 도입하여 유클리드 공간에서 위크(Wick) 회전을 한다. 그러면 피적분 함수는 $e^{-유클리드\ 작용}$이 되고 유클리드 공간에 있는 모든 실수 연결자에 걸쳐서 경로적분을 행한다. 유클리드 공간에서 실수인 연결자는 민코프스키 공간에서 일반적으로 실수가 아니다. 그러나 그것은 문제가 되지 않는다. 유클리드 공간에서 모든 실수 연결자에 걸쳐서 경로적분한다는 아이디어는 민코프스키 공간에서 모든 실수 연결자의 경로적분과 윤곽선 적분(contour integral)이라는 의미에서 동등하다. 양자 중력의 경우에서처럼 안장점 방법으로 양-밀즈의 경로적분을 계산할 수 있다. 여기에서 안장점 풀이는 로저와 트위스터 프로그램이 분류하려고 많은 일을 했던 양-밀즈의 인스탄톤(instanton)이다. 양-밀즈의 인스탄톤은 유클리드 공간에서 실수이다. 그러나 그들은 민코프스키 공간에서는 허수이다. 이것은 문제가 되지 않는다. 그들은 전기약력 중 입자 발생과 같은 물리적인 진행과정 비율노 주게 될 것이다.

양자 중력에 대한 상황도 비슷하다. 여기에서 로렌츠 계량보다는 양수로 한정된 계량이나 유클리드 계량에 걸쳐서 경로적분을 행할 수 있다. 사실상, 중력장이 다른 토폴로지를 가지는 것을 허락한다면 이것을 실행할 필요가 있다. 오일러 수가 0인 다양체 위에서만 로렌츠 계량을 택할 수 있다. 그러나 우리가 본 바와 같이 고유의 엔트로피 같은 흥미 있는 양자 중력 효과는 로렌츠 계량을 받아들이지 않는 0이 아닌 오일러 수를 가지는 시공간 다양체로부터 정확히 나타난다. 중력에 대한 유클리드 작용이 아래로 경계가 없는 데에 문제가 있으므로 경로적분은 수렴하지 않는 것으로 보인다. 그러나 복소 윤곽선 위로 등각인자(conformal factor)를 적분함으로써 이 문제를 치료할 수 있다. 이것이 정면으로 맞붙는 것을 피하는 것이나 이 행위는 게이지 자유도와 관련이 있는 것으로 생각하고 적당히 경로적분을 행하는 법을 알 때에 상쇄시킬 것이다. 이 문제는 물리적인 이유 때문에 살아날 것이다. 중력의 위치 에너지는 중력이 인력이므로 음이다. 그래서 그 문제는 어느 양자 중력 이론이든지 어떠한 형태로 나타날 것이다. 만일 일찍이 그것을 충분히 얻었으면 끈 이론에 있을 것이다. 지금까지 그 성과는 아주 불충분하다. 끈 이론은 블랙홀은 그대로 놓아둔 채 태양의 구조를 기술하는 것조차 할 수 없다.

끈 이론의 그러한 측면에 일격을 가한 후에 유클리드식 접근과 무경계 조건으로 돌아가자. 경로적분이 양으로 한정된 실수 계량에 걸쳐서 수행되더라도 그 안장점이 복소계량이 되는 것은 당연하다. 3차원 면 Σ가 어떤 아주 작은 크기보다는 클 때, 우주론에서 이런 일이 발생하게 된다. 그 계량이 유클리드 4차원 구의 절반과 로렌츠 계량을 결합한 것이라고 기술했지만 이것은 근사뿐이었다. 실제의 안장점 계량은 복소수일 것이다. 이것은 로저 같은 관념론자를 당황하게 만들지도 모르나, 나 같은 실증론자들에게는 좋은 일이다. 우리는 안장점 계량을 관측하지는 않았다. 관찰할 수 있는 것은 그것으로부터 계산된 파동함수이고 이것은 실수 로렌츠 계량에 해당된다. 나는 내가 유클리드,

복소 시공간을 사용하는 것에 로저가 반대하는 것을 보고 약간 놀랐다. 그는 그의 트위스터 프로그램에서 복소공간을 사용한다. 사실상, 나로 하여금 유클리드의 시공간에서의 양자 중력 프로그램을 개발하도록 이끌어준 것은 양의 진동수가 복소해석적이라는 것에 관한 로저의 의견이었다. 나는 이 프로그램이 관측하여 검증할 수 있는 예측들을 해왔다고 주장한다. 끈 이론이나 트위스터 프로그램은 얼마나 많은 예측들을 했을까?

R 과정, 즉 파동함수의 붕괴를 통한 관찰이나 측정을 통하여 물리에서 CPT가 깨지게 되는 것을 로저는 느꼈다. 그는 적어도 두 가지 상황(우주론과 블랙홀)에서 그러한 위반이 있음을 알고 있다. 우리가 관측에 대해서 질문하는 식으로 시간 비대칭성을 도입하는 것에 나는 동의한다. 그러나 나는 파동함수의 수축에 해당하는 몇 가지 물리과정이 있으리라는 아이디어나, 혹은 이것이 양자 중력이나 양심과 관련이 있으리라는 아이디어를 전적으로 거절한다. 나에게는 그것이 과학이 아니라 마술처럼 들린다.

무경계 가설이 우주론에서 CPT 위반 없이 관찰된 시간의 화살을 설명할 수 있다고 생각하는 이유를 나는 이미 내 강의에서 설명했다. 지금 나는 로저와는 달리 블랙홀들이 시간 비대칭성을 포함하지 않는다고 생각하는 이유를 설명하겠다. 고전 일반 상대성 이론에 의하면 블랙홀은 물체들이 빠져들고 아무것도 나올 수 없는 영역으로 정의된다. 왜 물체들이 나오기만 하고 빠져들지 않는 영역인 화이트홀이 존재하지 않는지 묻고 싶을 것이다. 나의 대답은 고전론에서 블랙홀과 화이트홀이 매우 다르지만 양자론에서는 같은 것이라는 것이다. 양자론에서는 블랙홀과 화이트홀의 차이가 없다. 블랙홀이 방출할 수도 있고 화이트홀이 흡수할 수도 있다고 말할 수 있다. 나는 어떤 천체가 크고 고전적이며 많이 방출하지 않을 때에 그것을 블랙홀로 간주하기를 제안한다. 반면에 많은 양의 양자 복사를 내놓는 작은 구멍은 바로 화이트홀이 행동하는 것이기를 기대한다.

로저가 도입한 사고실험을 사용하여 어떻게 불랙홀과 화이트홀이 같은지를 보여주겠다. 완벽하게 반사만 하는 벽으로 만든 아주 큰 상자에 어느 정도 크기의 에너지를 넣어두자. 이 에너지는 상자 안에서 가능한 상태들 중에서 여러 가지 방법으로 분포될 수 있다. 다수 상태들은 압도적으로 두 가지 상황이 가능하다. 그들은 열적 복사로 채워진 상자이거나 열적 복사와 평형인 블랙홀이다. 어느 것이 더 많은 미시적 상태 수(數)를 가졌느냐는 것은 상자의 크기와 그 안에 있는 에너지의 양에 달려 있다. 그러나 두 상황이 거의 같은 수의 미시적 상태 수를 가지도록 매개변수를 선택할 수 있다. 상자가 그 상황들 사이에서 진동하리라고 기대할 것이다. 어느 때에 상자는 바로 열적 복사만 가질 것이다. 다른 때에 복사에서 열적 교란이 있다는 것은 아주 많은 수의 입자들이 작은 영역에서 블랙홀을 만들리라는 것을 의

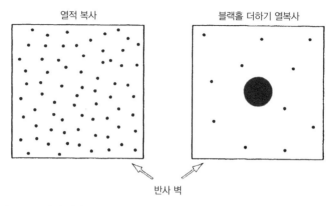

열적 복사   블랙홀 더하기 열복사

반사 벽

그림 7.1 고정된 에너지를 담은 상자는 바로 열적 복사를 포함하거나 열적 복사와 함께 평형인 블랙홀을 포함할 것이다.

미한다(그림 7.1). 더 나아가 블랙홀로부터 나온 복사의 교란은 늘어나거나, 흡수의 교란은 줄어들어서 블랙홀은 증발하여 사라진다. 그래서 상자 내의 계는 위상공간에서 격렬하게 헤매고 다닐 것이다. 때로는 블랙홀이 나타났다가 반대로 없어지기도 한다(그림 7.2).

상자가 내가 기술한 대로 행동하리라는 점에서 로저와 나는 일치한다. 그러나 다음 두 가지 점에서는 일치하지 않고 있다. 먼저 로저는 블랙홀이 나타났다가 사라지는 한 주기 동안 위상공간의 부피와 정보를 잃을 것이라고 믿으며, 두 번째로는 이 과정이 시간 대칭이 아닐 것이라고 믿는다. 첫 번째 불일치에 대하여, 로저는 수축하는 입자들이 아주 많은 다른 배열을 하더라고 같은 블랙홀이 되기 때문에 블랙홀의 털 없음 정리가 위상공간

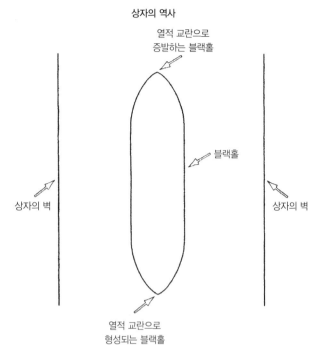

그림 7.2 열적 교란에 의해서 블랙홀이 나타나고 사라진다.

의 부피 분실을 의미한다고 느끼는 것 같다. 로저는 파동함수의
환원인 **R** 과정이 위상공간의 부피를 보충해주리라고 제안한다.
이 **R** 과정이 어떻게 될지 나로서는 불확실하다. 상자 안에는 관
측자도 없고 아무도 그것을 계산한 방법을 제안할 수 없다면 그
것을 자발적이라고 주장하는 것에 나는 호의적이지 않다. 그렇
지 않다면 그것은 바로 마술이다. 여하튼 위상공간의 부피가 상
실되리라는 것에 나는 동의하지 않는다. 블랙홀이 $e^{\frac{1}{4}A}$개의 상태

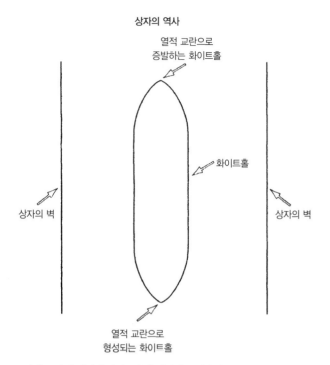

상자의 역사

열적 교란으로
증발하는 화이트홀

화이트홀

상자의 벽

상자의 벽

열적 교란으로
형성되는 화이트홀

그림 7.3   열적 교란에 의해서 화이트홀이 나타나고 사라진다.

수를 가진다면, 위상공간의 부피는 상실되지 않는다. 임의의 상
태에 있을 수 있는 상자 같은 계 내에서는 아무 정보도 없다. 따
라서 정보 상실은 없다.

두 번째 불일치에 관하여는, 블랙홀이 나타나고 사라지는 것
이 시간 대칭적이라고 나는 믿는다. 즉, 상자를 찍은 필름을 거
꾸로 돌려보아도 같게 보일 것이다. 시간의 한 방향으로 블랙홀
이 나타나고 사라지는 것을 볼 것이다. 시간의 다른 방향으로는

화이트홀 — 블랙홀을 시간적으로 역전시킨 것 — 이 나타났다가 사라지는 것을 볼 것이다. 화이트홀이 블랙홀과 같다면 이 두 가지 그림이 같을 수 있다. 따라서 이 상자의 행동으로 CPT가 깨진다고 말할 필요는 없다(그림 7.3).

처음에 로저와 돈 페이지는 상자 안의 블랙홀이 형성되었다가 증발하는 것이 시간 대칭이었다는 나의 제안을 거부했다. 그러나 돈은 지금 나와 일치하게 되었다. 나는 로저도 동의하기를 기다리고 있다.

로저 펜로즈의 답변

먼저 우리 둘 사이에 일치하지 않는 것보다는 일치하는 것이 더 많다고 말해두겠다. 그러나 우리가 서로 일치하지 않는 몇 가지 근본적인 것들이 있어서 그것에 초점을 맞추고 싶다.

고양이와 그밖의 것

"실체"가 무엇이든 관계 없이, 우리는 세상이 어떤 것인지 이해하는 방법을 설명해야 한다. 양자론은 이를 설명하지 못하므로 무엇 — 양자론의 표준법칙에 포함되어 있지 않은 무엇 — 인가를 양자론에 추가하여 통합해야 한다. 특별히, 스티븐은 고양이 문제에 관하여 내가 언급한 것들을 완전히 파악하지 않은 것 같다. 문제는 정보 상실이 그 계가 하나의 밀도행렬로 기술되어야 함을 의미하는 것이 아니라 두 개의 밀도행렬로 기술되어야 하는 것이다. 예를 들면

$$D = \frac{1}{4}(|\text{살아 있음}\rangle + |\text{죽어 있음}\rangle)(\langle\text{살아 있음}| + \langle\text{죽어 있음}|)$$
$$+ \frac{1}{4}(|\text{살아 있음}\rangle - |\text{죽어 있음}\rangle)(\langle\text{살아 있음}| - \langle\text{죽어 있음}|)$$

(7.1)

과

$$D = \frac{1}{2}|\text{살아 있음}\rangle\langle\text{살아 있음}| + \frac{1}{2}|\text{죽어 있음}\rangle\langle\text{죽어 있음}| \quad (7.2)$$

은 같다. 따라서 우리가 살아 있는 고양이나 죽어 있는 고양이를 인지하지만 절대로 중첩하지 않는 이유의 문제를 풀어야 한다. 철학은 이러한 문제들이 중요하다고 생각하나 그것은 질문에 답을 주지 않는다.

세상을 이해하는 방법을 양자론의 틀 안에서 설명하기 위하여 다음 중에서 하나(혹은 둘 다)가 있어야 하는 듯싶다.

(A) 경험 이론

(B) 실제 물리적 행위 이론

사실상 관측자가 관측하려고 할 때에 각각에 해당하는 상태 벡터(위의 7.1 경우에)는 다음 꼴이어야 한다.

$$\frac{1}{2}(|살아\ 있음\rangle \pm |죽어\ 있음\rangle)(|관측자가\ 산\ 고양이를\ 봄\rangle$$
$$\pm 관측자가\ 죽은\ 고양이를\ 봄\rangle) \qquad (7.3)$$

그러면 첫 번째 (A)는 두 번째 인자 상태(두 번째 괄호 부분)의 인지가 허용되지 않으므로 두 번째 인자의 중첩의 가능성을 배제해야 한다. 반면에 (B)에 대해서 보면 첫째 인자(첫째 괄호 부분)의 중첩을 배제한다. 나의 견해로는 이는 거대한 범위에서 중첩은 불안정하여, 어떤 것 혹은 다른 것의 안정한 상태인 |살아 있음⟩ 또는 |죽어 있음⟩으로 빠르게 (자발적으로) 변해야 한다. 나는 스티븐이 B-지지자가 아니므로 A-지지자임을 믿는다. [호킹은 "아니요"라고 대답했다.] 나는 (A)가 많은 종류의 곤란을 유발하는 받아들이기 위험한 견해이므로 강한 B-지지자이다. 특별히 A-지지자는 마음의 이론, 뇌의 이론, 혹은 그와 같은 것들이 필요하다. 스티븐이 A-지지자나 B-지지자가 아니라는 것에 놀랐다. 이에 대해서 그가 답해주기를 바란다.

위크 회전

이것은 양자장 이론에 유용한 도구이다. 시간축을 회전시켜서 t 를 it로 대체한다. 이것은 민코프스키 공간을 유클리드 공간으로 변환시킨다. 그것의 유용성은 어떤 표현들(경로적분 같은 것들) 이 유클리드 이론에서 더 잘 정의된다는 사실로부터 나온다. 위 크 회전은 적어도 평탄한 (혹은 정상[定常]의) 시공간에 그것을 적용하는 동안만큼 양자장 이론에서 잘 조절되는 도구이다.

유클리드 계량의 공간을 얻기 위하여 로렌츠 계량에 "위크 회 전"을 적용하는 스티븐의 아이디어는 확실히 매우 흥미롭고 좋 은 착상이지만, 양자장 이론에서 위크 회전을 적용하는 것과는 매우 다른 과정이다. 그것은 진실로 다른 수준에서의 "위크 회 전"이다.

무경계 가설은 아주 훌륭한 제안이고 확실히 바일 곡률 가설 과 관련이 있는 것 같다. 그러나 나의 견해에 의하면 무경계 가 설은 과거 특이점이 작은 바일 곡률을 가지고 미래 특이점이 큰 바일 곡률을 가진다는 사실을 설명하는 것과는 아주 거리가 멀 다. 이것이 우리가 우리 우주에서 관찰하는 모습이다. 그리고 관 찰하는 측면에서는 스티븐이 나와 일치한다고 믿는다.

위상공간 상실

스티븐과 나는 블랙홀에서 정보가 소실된다는 데에 의견이 일치

한다고 생각한다. 그러나 블랙홀에서의 위상공간 상실에 관하여
는 일치하지 않는다. 스티븐은 R-과정이 단순히 마술이고 물리
가 아니라고 주장했다. 나는 이에 절대로 동의하지 않는다. 그것
이 왜 합리적인지, 그리고 왜 그것이

$$T \sim \frac{\hbar}{E} \tag{7.4}$$

라는 시간 내에 상태가 환원하는 비율에 관해서 명백하게 제안
하는지를 나의 두 번째 강의에서 설명했다고 생각한다. 블랙홀
에 관한 그의 견해도 아주 잘못된 판단이라고 생각한다. 그는 카
터 도형을 그려야 했으며 그것은 분명히 시간 대칭이 아니다. 그
와 나는 정보가 소실된다는 데에 여하튼 일치하는 것 같다. 그러
나 나는 위상공간의 부피도 줄어든다고 믿는다. 더 나아가, 전체
의 계획이 시간 대칭이라면, 많은 것들이 나오는 영역인 화이트
홀을 허용해야 하고 적어도 바일 곡률 가설, 열역학 제2법칙, 아
마도 관측까지도 불일치해야 한다. 이 질문은 "양자 중력"이 어
떤 형태의 특이점을 허용하느냐와 매우 밀접한 관계가 있다. 나
의 견해로는 그 이론은 그 함축된 의미에서 시간에 대해서 대칭
이 아닐 필요가 있다.

스티븐 호킹

로저는 슈뢰딩거의 불쌍한 고양이를 염려하고 있다. 오늘날 그러한 사고실험은 편견을 내포하고 있다. 로저는 고양이$_{살아 있음}$ +고양이$_{죽어 있음}$ 상태를 같은 확률로 가진 밀도행렬이 역시 같은 확률로 고양이$_{살아 있음}$ +고양이$_{죽어 있음}$과 고양이$_{살아 있음}$ -고양이$_{죽어 있음}$을 가지기 때문에 걱정스러워한다. 그런데 왜 우리는 고양이$_{살아 있음}$ 또는 고양이$_{죽어 있음}$을 관측하는가? 왜 우리는 고양이$_{살아 있음}$ +고양이$_{죽어 있음}$ 혹은 고양이$_{살아 있음}$ -고양이$_{죽어 있음}$으로 관찰하지 못하는가? "살아 있음+죽어 있음"과 "살아 있음-죽어 있음"보다 "살아 있음" 축과 "죽어 있음" 축을 집어내도록 하는 것은 무엇인가? 네가 제기하려는 첫째 논점은 고유치들이 정확히 같은 때에만 밀도행렬의 고유 상태에서 이러한 모호함을 얻는다는 점이다. 만일 "살아 있음"과 "죽어 있음"에 있을 확률이 약간 다르다면 고유 상태에서 모호함이 없다. 기저는 밀도 벡터의 고유 벡터로 나타낸다. 그러면 왜 자연이 "살이 있음+죽어 있음/살아 있음-죽어 있음" 기저에서보다 "살아 있음/죽어 있음" 기저에서 밀도행렬 대각선 성분 만들기를 택하는가? 그 대답은 고양이$_{살아 있음}$과 고양이$_{죽어 있음}$ 상태가, 총알의 위치나 고양이의 상처 같은 것들의 거시적 수준에서는 다르다는 것이다. 공기분자 교란같이 여러분들이 관찰하지 못하는 것들을 추적할 때, 고양이$_{살아 있음}$과 고양이_{죽어 있음} 상태 사이의 임의의 관측량의 행렬원소는 평균하면 0이 될 것이다. 이는 고양이를 죽어 있거나 살아 있는 것을 관측하는 것이지 두 상태의 선형결합을 관측하는 것이 아니기 때문이다. 이것이 바로 보통의 양자역학이다. 측정에 대한 새로운 이론이 필요하지 않으며 확실히 양자 중력 이론이 필요하지도 않다.

양자 중력으로 돌아가자. 로저는 무경계 가설이 초기 우주에서의 낮은 바일 텐서를 설명할 수 있다고 받아들이는 듯싶다. 그러나 그는 블랙홀에서 중력 붕괴나 우주 전체의 붕괴에서 기대되는 것들이 바로 높은 바일 텐서 때문일 수 있는지 의문을 가진다. 이는 다시 무경계 제안에 대한 잘못된 개념에 근거를 둔 것으로 생각한다. 로저는 아마도 거의 부드러운 초기 우주에서 시작하여 중력 붕괴 때에 아주 불규칙하게 발전하는 로렌츠 풀이들이 있으리라는 데에 동의할 것이다. 초기 우주에서 유클리드 4차원 구의 절반과 이 로렌츠 계량을 결합할 수 있다. 이것은 붕괴할 때에 심하게 뒤틀린 3차원 기하의 파동함수에 대해서 근사적으로 안장점 계량이 될 것이다(그림 7.4). 물론, 일찍이 말했듯이, 정확한 안장점을 가지는 계량은 복잡할 것이며 유클리드나 로렌츠의 계량이 아닐 것이다. 그럼에도 불구하고 근사를 잘 하면 내가 언급한 바와 같이 그것을 거의 유클리드와 로렌츠 영역으로 나눌 수 있다. 그 유클리드 영역은 둥근 4차원 구의 절반과

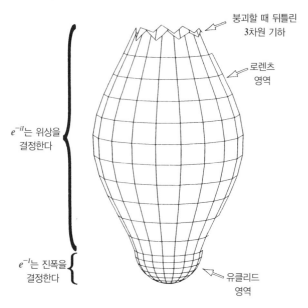

그림 7.4 붕괴된 3차원 기하로 터널링(tunneling)하는데, 유클리드 부분은 3차원 기하의 파동함수의 진폭을 결정하고 로렌츠 부분은 위상을 결정한다.

약간만 다를 뿐일 것이다. 따라서 그것의 작용은 균질하고 등방적인 우주에 해당하는 둥근 4차원 구의 절반보다 약간 클 뿐이다. 그 풀이의 로렌츠 부분은 균질하고 등방적인 풀이와는 아주 다른 것이다. 그러나 이 로렌츠 부분의 작용은 단순히 파동함수의 위상만 변화시킬 뿐이지 진폭에는 영향을 주지 않는다. 이것은 유클리드 부분의 작용에 의해서 주어지며 3차원 기하 구조의 뒤틀림의 방식과는 거의 관계가 없을 것이다. 그래서 중력 붕괴에서는 모든 3차원 기하가 동등하게 가능할 것이고 아주 큰 바일 곡률을 가진 전형적인 심한 불규칙 계량을 가질 것이다. 나는 무경계 가설이 왜 초기 우주가 부드러웠고, 왜 중력 붕괴가 불규칙할지 설명해줄 수 있음을 로저와 그밖의 누구든지 그 문제에 대해서 확신할 수 있기를 바란다.

나의 마지막 요지는 상자에 대한 사고실험에서 블랙홀에 관한 것이다. 로저는 아주 다른 배열들이 붕괴하여 같은 블랙홀을 형성할 수 있기 때문에 아직도 위상공간의 부피가 상실된다고 주장하는 것 같다. 그러나 블랙홀 열역학의 전체적인 관점은 그러한 위상공간의 상실을 피해야 했다. 어떤 사람은 블랙홀이 e^S가지 방법으로 형성될 수 있기 때문에 엔트로피를 블랙홀의 탓으로 돌린다. 블랙홀들이 시간 대칭인 방법으로 증발할 때에 e^S가지 방법으로 복사를 내보낸다. 따라서 위상공간의 부피 상실도 없고 상실을 보상하기 위하여 R-과정에 호소할 필요도 없다. 이는 내가 파동함수의 붕괴에서가 아니라 중력 붕괴에서 믿는다는 것과 같다.

나의 최종적인 요지는 블랙홀과 화이트홀이 같다는 나의 주장에 관한 것이다. 로저는 카터-펜로즈 도형들이 아주 다르다고 반박했다(그림 7.5). 나는 다르다는 데에 동의하지만 그것들은 단지 고전적인 도형일 뿐이라고 말하겠다. 나는 양자론에서 밖의 관측자는 블랙홀과 화이트홀을 같은 것으로 여길 것이라고 주장한다. 그러나 로저는 구멍으로 떨어지는 사람은 어디 갔지 하며 반대할지도 모른다. 그 남자 또는 그 여자는 그 블랙홀의 카터-펜로즈 도형을 보지 않을까? 나는, 그것들이 고전 이론이므로, 이

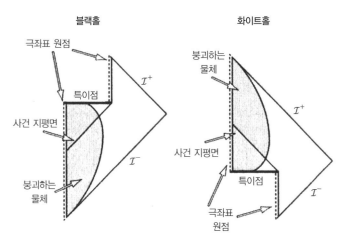

극좌표 원점

붕괴하는
물체

$\mathcal{I}^+$

특이점

$\mathcal{I}^+$

사건 지평면

사건 지평면

$\mathcal{I}^-$

특이점

붕괴하는
물체

$\mathcal{I}^-$

극좌표
원점

그림 7.5   블랙홀과 화이트홀에 대한 카터-펜로즈 도형들.

논쟁이 시공간에 단일의 계량이 있다는 가정의 덫에 빠지게 된다고 생각한다. 반면에 양자론에서는 모든 가능한 계량에 걸쳐서 경로적분을 행해야 한다. 다른 질문에 대해서는 다른 안장점 계량이 있을 것이다. 특별히 밖의 관측자가 궁금해하는 안장점 계량은 떨어지는 관찰자에 대한 안장점 계량과 다를 것이다. 블랙홀이 관측자를 방출하리라고 상상할 수도 있다. 그것은 확률이 낮으나 가능하다. 아마도 그러한 관측자에 대한 안장점 계량은 화이트홀의 카터-펜로즈 도형에 해당할 것이다. 따라서 블랙홀과 화이트홀이 같다는 나의 주장은 모순이 없다. 그것이 양자 중력으로 하여금 CPT 변환에서도 불변하도록 하는 유일한 자연적인 방법이다.

로저 펜로즈의 답변

고양이 문제에 대한 스티븐의 의견으로 돌아가겠다. 사실, 고유치들이 동등하다는 것은 관계가 없다. 최근에(1993년, 휴스턴 외) 임의의 (완전히 다른 고유치를 가지는) 밀도행렬에 대해서, 그것이 (꼭 직교할 필요는 없는) 상태들의 확률혼합으로 쓰일 수 있는 여러 가지 다른 방법들 모두의 경우에, 그 특별한 확률혼합에 "아는 부분"에 대하여 밀도행렬 해석을 하는 "상태 벡터의 모르는 부분"에서, 원칙상, 측정할 수 있다는 것이 증명되었다. 더구나 환경의 영향에 관한 한, 비대각선 성분이 작다고 하더라도 고유 벡터에 대한 그것의 효과는 클지도 모른다는 의견이 있을 수 있다. 더 나아가, 스티븐은 총알 등에 대해서도 언급했다. 우리가 전에 "고양이"만 있는 경우처럼, "고양이＋총알"의 계의 경우에도 같은 문제를 가지고 있기 때문에 이것은 진실로 그 문제를 말한 것은 아니다. "실체"에 대한 이 질문은 스티븐과 나 사이에 근본적인 차이가 있음을 보여주며, 또한 다른 문제(예를 들면 화이트홀과 블랙홀이 같은가 하는 문제)와 관련이 있다고 나는 생각한다. 그것은 진실로 거시적인 수준에서는 우리가 오직 한 시공간만 본다는 사실로 요약된다. 그래서 사람들은 (A) 또는 (B)를 지지해야 하는 것 같다. 스티븐은 이 점을 말하지 않은 것 같다.

아주 작은 구멍(hole)의 경우에 블랙홀과 화이트홀은 서로 매우 흡사하다. 작은 블랙홀은 많은 복사를 방출할 것이며 화이트홀처럼 보일 것이다. 작은 화이트홀도 많은 양의 복사를 흡수할지도 모른다. 그러나 거시적인 수준에서는 이러한 동일함이 부적절한 것으로 느껴진다. 나는 그밖의 무엇인가가 도입되어야 한다고 믿는다.

양자론은 75년간 존재해왔다. 이것은 예를 들어 뉴턴의 중력 이론과 비교해보면 그다지 길지 않다. 그러므로 양자론이 매우 거시적인 대상에 대해서 수정되어야 한다면 그것은 그렇게 놀랄 일은 아닐 것이다.

이 토론의 시작 부분에서 스티븐은 그가 실증론자이고 내가 관념론자라고 생각한다고 말했다. 나는 그가 실증론자임에 기쁘나 여기에서 결정적인 것은 내가 차라리 현실주의자라는 점이다. 역시 누군가가 이 토론을 70여 년 전에 닐스 보어와 아인슈타인의 유명한 논쟁을 비교하려고 한다면, 스티븐은 보어의 역할을, 나는 아인슈타인의 역할을 담당한다고 생각한다! 아인슈타인은 사실 세계 같은 것들이 꼭 파동함수로 표현될 필요가 없이 존재해야 한다고 주장했던 반면에, 보어는 "파동함수는 '진짜' 미시적인 세계를 기술하지 않고 오직 예측에 유용한 '지식'일 뿐"이라고 말했다.

보어는 그 주장이 이겼다고 이해했다. 사실, 파이스가 1994년에 쓴 아인슈타인의 전기에 의하면, 아인슈타인은 1925년부터 낚시나 하러 가야만 했다. 실제로 그의 통찰력 있는 비판은 매우 유용했음에도 불구하고 그가 매우 큰 발전을 이루지 못한 것은 사실이다. 나는 그가 양자론에서 큰 진척을 보지 못한 이유는 양자론에서 결정적인 성분이 빠졌기 때문이라고 생각한다. 이 빠진 성분은 그로부터 50년 후에 스티븐이 발견한 블랙홀 복사인 것이다. 새로운 예기치 않은 진전을 보여준 것이 바로 블랙홀 복사와 관계된 정보 소실이다.

질의와 응답

게리 호로비츠(소견): 끈 이론에 관하여 약간 깔보는 듯한 의견들이 있었다. 그들이 얕보고 있었지만 많은 그들의 수가 적어도 끈 이론이 아주 중요함을 나타내는 것 같다! 이 의견들 몇 가지는 잘못 유도된 것이며 몇 가지는 아주 틀렸다. 무엇보다도, 끈 이론은 장이 약할 때에 일반 상대성 이론으로 접근하므로 일반 상대성 이론이 의미하는 모든 것을 의미한다. 특이점에서 무엇이 발생하는지 훨씬 더 잘 이해하고 있으며 사실상 조절하기 어려운 몇몇 발산들을 끈 이론으로 해결하는 것 같다. 나는 끈 이론이 모든 문제를 해결하여 넘어간다고 확실히 주장하는 것은 아니나, 역시 아직까지는 그것이 기대할 만한 길인 것 같다.

질문: 혼란스러운 질문인데 고양이에 대해 다시 설명을 부탁한다.

답: 로저 펜로즈가 고양이 문제를 다시 설명했다.

질문: 로저 펜로즈가 일관성을 벗어난 역사의 접근에 대해서 대신 설명해줄 수 있을까? 외부환경 때문에 아주 좋은 탈일관성이 있다고 보여주었으나 탈일관성이 내부적으로는 어떻게 작용하는지 (아직은) 완전히 이해되지는 않는다. 탈일관성이 시공간의 성질과 관련이 있으리라는 사실과 이것이 관련이 있는가?

답(펜로즈): 일관성을 벗어난 역사 프로그램에는, R 작용과 동등한 어떤 것이 그 계획의 한 부분이다. 그래서 그것은 보통의 양자론과 다르나, 그럼에도 불구하고 그것은 역시 나의 접근법과도 다른 어떤 것이다. 그러나 시공간 구조와 연결되어 있으리라는 것은 흥미롭다. 나의 접근법은 시간-비대칭 질문에 관한 스티븐의 접근법보다는 모순이 없는 역사들의 접근법에 더 가깝다.

질문: 상자에 든 블랙홀의 사고실험에서 엔트로피는 어떻게 되는가? 시간이 역전된 상황은 열역학 제2법칙을 위배하는가?

답(호킹): 그 상자는 최대 엔트로피의 상태에 있다. 그 계는 모든 가능한 상태 가운데로 격렬하게 헤매며 움직이고 있어서 위배되지 않는다.

질문: 양자론적 측정의 구동장치는 실험적으로 검증될 수 있는가?

답(펜로즈): (원칙상) 그것을 실험적으로 검증하는 것이 가능해야 한다. 아마도 좀 큰 범위의 중첩을 함으로써 레게트(Leggett) 꼴의 실험을 시도해야 한다. 이러한 종류의 실험에서의 어려운 환경에 의한 탈일관성 효과가 재려는 효과보다 보통 훨씬 더 크다. 그래서 실제로는 그 계를 아주 잘 고립시켜야 한다. 내가 아는 한, 이러한 아이디어를 자세히 검증할 제안은 아직 없으나 실제로는 분명히 아주 흥미로울 것이다.

질문: 우주의 급팽창 모형에서는 우주의 질량은 확장하는 우주와 수축하는 우주 모형 사이에서 아주 균형이 잘 맞아야 한다. 이제까지는 이 균형에 필요한 질량의 10퍼센트만 관측되었고 남은 질량을 찾는 일은 나로 하여금 세기의 전환기쯤(20세기 초/역주)에 "에테르"를 찾았던 일 같은 것을 어느 정도 생각나게 한다. 그것에 대한 설명해줄 수 있는가?

답(펜로즈): 허블 상수가 현재의 범위에 있게 되어 상당히 기쁘다. 내게는 임계질량의 10퍼센트만큼이면 좋다. 그러나 스티븐은 무경계 가설의 일부분으로서 닫히는 우주를 좋아한다고 생각한다. [이때 스티븐 호킹이 "그렇다!"고 대답했다.]

답(호킹): 허블 상수는 여태까지 주장되어온 것들보다는 작을지도 모른다. 지난 50년에 10분의 1 정도 감소되었으나 왜 100분의 1 정도로 더 줄지 않는지는 모른다. 이것이 앞으로 발견되어야 할 필요 질량을 줄여주고 있다.

계속되는 논쟁

• 스티븐 호킹과 로저 펜로즈 •

『시간과 공간에 관하여(*The Nature of Space and Time*)』가 처음 출간된 후로 여러 해 동안 중요한 관측들이 있었고 이론도 계속 진보했다. 그러나 이러한 지식의 증가에도 불구하고 우리의 두 가지 관점은 분명하고도 공통된 합의를 이루기보다는 훨씬 더 멀어진 것 같다. 이것은 의심할 여지 없이 물리학의 근본에 대해서, 특별히 양자 중력의 본질의 근본에 대해서 아직 알려지지 않은 것이 방대하다는 것을 의미한다. 이 새로운 "후기"에서 우리는 각자의 견해 때문에 일치하지 않는 점에 대해서 간단히 설명하고자 한다. 아마도 이러한 기본적인 견해의 충돌이 여전히 존재할 수 있다는 사실은 이 책의 기반이 된 케임브리지 강의 이후 15년 동안 물리학적 실체의 본질에 관한 심오하고도 흥미로운 질문들에 관한 매우 건전한 논쟁이 남아 있다는 점을 시사한다.

적어도 관찰 측면에서는 어떤 개발이 가장 흥미롭고 중요한 것인지에 대한 합의가 있다. 이는 1998년에 브라이언 P. 슈미트와 솔 펄머터가 각각 이끄는 두 팀이 멀리 떨어진 초신성을 관측하는 것에서 시작되었다. 그 후속 관찰들로부터 우리는 우주가 **가속 팽창한다**는 명백한 사실에 대한 매우 강력한 증거를 얻게 되었다. 가장 간단한 설명(로저가 이를 즐겨 사용한다)은 아인슈타인 방정식에 (아인슈타인이 1917년에 제안했으나 나중에 강하게 보류했다) 작은 양수의 우주 상수가 있다는 것이다. 다른 설명에는 다른 근거가 있을 수 있는 신비한 "암흑 에너지"가 포함된다. 어쨌든 이 새로운 성분으로 우주의 전체적인 유효 밀도가 증가한다. 이 암흑 에너지는 이전에 우세했던 "암흑 물질"(이것의 정확한 본질도 신비하지만 은하 충돌의 중력 렌즈 관찰에 의해서 실제 존재가 확실하게 확인되는 것처럼 보인다)과 함께 전체 공간 기하구조가 평평한 시공간을 구성한다. 이는 심지어 제5장에서 설명한 원래의 하틀-호킹 "무경계" 가설은 양수의 곡률의 시공간이나 트위스터 이데올로기(지금은 이 이데올로기가 우주 상수의 존재 때문에 수정되었지만)를 기반으로 로저가 잠정적으로 선호하고 제6장의 마지막 부분에서 언급한 음수의 곡률의 시공간과도 일치한다.

무경계 가설도 이론적 측면에서 진행되었으며, 부피 가중치를 포함함으로써 이 가설로부터 인플레이션에 대한 많은 가능성을 얻을 수 있었다. 이것이 발전하여 스티븐의 계획은 15년 전 당시

보다 표준 우주론의 훨씬 더 많은 부분을 차지한 인플레이션 우주론의 아이디어와 더 가까워졌다. 인플레이션에 대해서 관측적으로 지지하는 근거는 부분적으로 WMAP 위성에서 얻은 세부 결과로부터 나온다. 이것은 온도 변화의 각도 분포에 대한 매우 정확한 척도 불변을 확인하며, 이 각도 분포와 관찰을 다르게 분석한 결과들은 (일부 눈에 띄는 이상한 점이 있지만) 인플레이션을 예측하도록 폭넓게 지지한다. 또 이러한 관측으로 블랙홀 열적 변동이 있는 드지터 우주를 닮은 초기 우주도 알게 되었다. 인플레이션 초기 우주는 실제로 드지터와 같은 구조를 가질 것이다. 2009년 봄에 발사된 플랑크 위성으로부터 특히 원시 중력파로 인플레이션을 예측할 더 중요한 정보를 받게 된다.

공간적으로 평평한 우주로 오랫동안 인플레이션 우주론이 예측되었고, 비교적 최근에야 관측이 그 방향으로 다소 설득력 있게 움직였다는 사실에서 인플레이션에 대한 지지가 비롯되었다. 그러나 로저는 여전히 회의적이다. 인플레이션만으로는 초기 단계의 우주의 비범한 균일성을 **스스로** 설명할 수 없기 때문이다. 이것은 매우 특별한 상태로, 중력적으로 극히 낮은 엔트로피 상황이 되어 열역학 제2법칙의 기본이 된다. 이를 위해서 로저는 제2장에서 설명한 대로 바일 곡률 가설(WCH)을 도입했다. 최근 몇 년 동안 더 확고해진 인플레이션에 대해서 더 놀라운 관측은 우주 마이크로파(2.7K) 배경복사에서 상관관계가 존재한다는 것이다. 이는 표준 (비[非] 인플레이션) 빅뱅 우주모형에서는 인과적 범위의 밖이어서 불가능하지만, 인플레이션 우주론에서는 이렇게 떨어진 사건들이 인과적으로 접촉이 가능하게 한다. 로저는 여전히 회의적이며 최근에 이 문제(및 WCH의 근본적인 근거를 포함한 다양한 다른 퍼즐)에 대한 대안적인 해결책을 제안했다. 이것은 매우 이른 초기 우주에 인플레이션 없이 등각기하학의 관점(이 책에서 설명된 카터-펜로즈 도형과 밀접하게 연관된다)에서 양수의 우주 상수를 가진 우주의 매우 먼 (드지터 우주 같은 "인플레이션") **미래**가 후속 우주모형의 빅뱅에 매끄럽게 결합된 등각기하인 우주론적 계획(**등각 순환 우주론**[conformal cyclic cosmology: CCC])이다. 이 결합된 (등각 시공간) 우주모형은 일련의 "세대들"을 거치는데, 각각의 세대는 빅뱅으로 시작하고 무한한 가속 팽창으로 "끝"이 난다.

최근 이론 연구에 가장 중요한 영향을 미쳤을 가능성이 있는 이론은 1997년 후안 말다세나가 도입한 반 드지터 등각장 이론(anti-deSitter-conformal field theory, ADS-CFT) 이중성으로 알려진 아이디어이다. 이것은 입증되지 않았지만, 기존의 양자장 이론과 특정 유형의 끈 이론 사이의 동등성을 제공하여 후자를 위한 진정한 수학적 기초를 제공하는 것처럼 보이기 때문에 끈 이론(및 M-이론처럼 최근 나타난 이론)의 발전에 강력한 영향을 미쳤다. ADS-CFT 대응성은 끈 이론과 그를 따르는 이론들의 관점을 바꾸는 다른 많은 의미를 가지고 있다. 특히 우리가 "물리적 실체"로 경험하는 것이 실제로 일종의 고차원 구조의 경계일 수 있는 "브레인 세계(brane world)"의 개념과 관련하여 의미가 크다.

스티븐의 관점에서는 ADS-CFT 대응성으로 정보를 잃지 않고 블랙홀 **정보 역설**(information paradox)도 해결했다. 스티븐의 입장은 2004년 이전과 달라졌다. 이전에는 블랙홀 형성에 들어가는 정보가 호킹 증발을 통해서 블랙홀이 궁극적으로 사라지는 동안에 실제로 분실(또는 결맞음 분실)되어야 한다고 제안했다. 하지만 그는 2004년 더블린에서 열린 "국제 일반 상대성 이론 및 중력 학술대회(GR17)"에서 정보가 실제로 회복된다는 대안 제안을 지지하면서 공개적으로 자신의 관점을 바꿨다. 최근에 그는 ADS-CFT 대응성의 장점을 활용하여 이 쟁점에 대한 보다 완전한 해결책을 제안했다.

그러나 이 중요한 쟁점에 대한 로저의 태도는 매우 다르며, 이 블랙홀 정보 소실 "역설"과 관련된 문제가 우리 둘을 가장 강하게 분리시키고 있다. 핵심 쟁점은 양자역학의 표준 규칙이 일반 상대성 이론의 맥락에서 위반되는 상태로 남을 것인지, 아니면 "양자 중력"의 이론 도출 전에 양자역학의 기초에 무엇인가 새로운 것이 필요할 것인지 여부이다. 스티븐은 제1장 초반에 말했듯이, 입자물리학자들에 의해서 "위험한 급진주의자"로 간주되지만 "로저에 비하면 보수주의자"임에 확실하다! 블랙홀 증발에서 정보가 소실된다는 것은 확실히 **단일 진화**(unitary evolution)를 하는 표준 양자역학 절차를 위반하는 것이며, 이것이 근본적인 어려움이 발생하는 곳이다. 그러나 로저는 이 책(특히 제4장)에서 설명된 이유로 중력적 맥락에서 이 "단일성"을 실제로 위반하는 것을 선호한다. 보다 최근의 주장에서는 (앞의) CCC 제안과 우주적 맥락에서 열역학 제2법칙의 다른 측면을 관련지어 그는 블랙홀 증발에서 실제로 필히 정보가 소실된다고 한다.

이 책에 제시된 대부분의 주장은 현재 기본 물리학에서 이루어지는 활동과 매우 관련이 깊다. 예를 들면, 2003년 말 에드워드 위튼이 트위스터 이론 (제6장의 주요 주제) 아이디어로 새로운 응용 프로그램을 발견했다는 것도 이에 해당한다. 거기에서는 고에너지 물리학에서 산란과정을 계산하는 상당히 개선된 기술을 제공하기 위해서, 트위스터 기술을 끈 이론의 기술과 결합했다. 우리는 약 15년 전에 우리가 제기하고 토론한 많은 쟁점들에 대해서 추가로 연구를 수행하여 얻을 수 있는 것이 여전히 매우 많다고 믿는다.

용어 설명

14쪽 **스피너**(spinor): 스핀의 고유 상태.

대역적인 방법(global method): 일반 상대성 이론을 다루는 방법으로, 거시적 방법과 미시적으로 분석하는 방법 중에서 거시적으로 분석하는 방법이다.

인과구조(causal structure): 원인에 따른 결과, 즉 인과율이 적용되는 구조이다.

특이점(singularity): 물리량이 무한대가 되는 위치.

양자 중력 이론(quantum gravity theory): 거시적인 물리계를 다루는 중력과 미시적인 세계를 기술하는 양자론을 하나의 이론과 법칙으로 다루고자 하는 시도로 아직 성공하지 못했다.

15쪽 **플랑크 영역**(Planck scale): 보통 빅뱅 후 플랑크 시간이나 플랑크 길이 이내를 의미. 이는 물리 기본 상수들로 구한 것으로 빅뱅 후 10^{-43}초까지를 의미하기도 하고 또는 우주의 크기가 10^{-33}cm가 되기까지를 의미한다.

끈 이론(string theory): 네 가지 기본 힘을 통합하는 통일장 이론의 후보 중 하나이다.

초중력(supergravity): 이론물리학에서 초중력 이론은 초대칭과 일반 상대성 이론을 결합한 현대 장 이론이다.

급팽창(inflation): 빅뱅 이후 초기 우주에서 공간이 엄청나게 팽창한다는 이론. 인플레이션 시대는 빅뱅 특이점 이후 10^{-36}초-10^{-33}초 동안 지속된다.

마이크로파 배경(Cosmic Microwave Background): 빅뱅 우주론에서 우

주 마이크로파 배경은 우주 초기 단계의 잔재인 전자기 복사이다. 충분히 민감한 전파망원경은 별, 은하 또는 기타 물체와 관련이 없는 희미한 배경으로 등방성인 빛을 보여주며 마이크로파 영역에서 가장 강하다.

16쪽   **원시 블랙홀**(primordial black hole): 빅뱅 직후에 형성된 가상의 블랙홀. 초기 우주에서는 밀도가 높고 이질적인 조건으로 인해서 중력 수축에 의한 블랙홀 형성이 가능하다.

18쪽   **시간방향 곡선**(timelike curve): 4차원 시공간에서 한 점은 어느 시각에 어느 위치에서 발생한 사건이다. 이 사건이 시간이 지날수록 어떤 직선이나 곡선을 그리는데 이를 세계선이라고 한다. 이 곡선의 기울기가 시간축으로 가까운 경우 시간방향 곡선이라고 하며 모든 물체의 움직임의 세계선은 시간방향 곡선이다.

공간방향 곡선(spacelike curve): 물체의 세계선이 공간축으로 기울여졌을 경우 공간방향 곡선이라고 하는데 이는 물체의 속도가 빛의 속도보다 커야 가능하다.

19쪽   **빛방향 곡선**(lightlike curve): 시공간 그림에서 시간축을 세로로, 공간축을 가로로 하고 물체의 움직임을 그리는데 시간축에 빛의 속도를 곱하면 빛이 움직이는 세계선은 45도로 기울어진 직선이다.

21쪽   **대역적 쌍곡선성**(Globally hyperbolicity): 물리학에서 대역적 쌍곡선은 시공간 다양체(즉, 로렌츠 다양체)의 인과구조에 대한 특정 조건. 로렌츠 다양체를 생성하는 기본 조건이 쌍곡선을 나타내는 일반적인 방정식 중의 하나이다.

코시 표면(Cauchy surface): 일반 상대성 이론에 로렌츠 기하학을 적용할 때 코시 표면은 일반적으로 "시간의 순간"으로 정의한다. 일반 상대성 이론에서 코시 표면은 진화 문제로서 아인슈타인 방정식의 공식화에 중요하다.

26쪽   **측지선 완비성**(geodesic completeness): 수학에서 완전한 다양체(또는

측지선 완전 다양체)는 임의의 지점에서 시작하여 모든 방향을 따라 측지선을 무한정 따라갈 수 있는 다양체이다.

47쪽 **빅 크런치**(Big Crunch): 닫힌 우주모형에서 우주의 마지막 단계로 빅뱅의 역과정처럼 중력 수축하는 과정이다.

58쪽 **COBE**(Cosmic Background Explorer): 1989년 11월 18일 우주 마이크로파 배경의 관측을 위해서 쏘아올린 위성이다. 이 위성을 통해서 2.73K의 우주 마이크로파 배경을 관측했다. 또 우주 마이크로파 배경의 미세한 온도 차이를 발견했다. 코비 연구팀은 우주 마이크로파 배경의 비등방성과 흑체 형태를 발견한 공로로 2006년 노벨 물리학상을 수상했다.

64쪽 **겹침 압력**(degeneracy pressure): 파울리 배타 원리는 두 개의 동일한 반정수 스핀 입자(전자 및 기타 모든 페르미온)가 동시에 동일한 양자 상태를 차지하는 것을 허용하지 않는다. 그 결과 더 작은 공간으로 물질을 압축하는 것에 대한 저지하는 압력이 발생한다.

77쪽 **분배함수**(partition function): 분배함수는 열역학적 평형 상태에서 시스템의 통계적 특성을 설명한다. 온도 및 부피와 같은 열역학적 상태 변수의 함수이다.

경로적분(path integral): 경로적분 공식은 고전 역학의 작용 원리를 일반화하는 양자역학의 설명으로, 양자 진폭을 계산하기 위해서 어떤 계의 단일 고유 고전적 궤도라는 고전적 개념 대신 양자역학적으로 가능한 궤도들에 걸친 합으로써 대체한다.

82쪽 **오일러 수**(Euler's number): 기하 도형의 꼭짓점 수(V), 모서리 수(E), 면 개수(F)와의 관계만으로 기하 도형을 분류하기 위한 특성을 나타내는 수($=F-E+V$).

93쪽 **한결같은**(unitary): 양자물리학에서 한결같음은 슈뢰딩거 방정식에 따른 양자 상태의 시간 진화가 수학적으로 한결같은 연산자(확률이 보존됨)로 표현되는 조건이다.

101쪽 **위상공간**(phase space): 입자의 위치와 운동량을 같이 나타내는 추상적인 공간이다.

107쪽 **EPR**(Einstein‐Podolsky‐Rosen paradox[EPR paradox]): 알베르트 아인슈타인, 보리스 포돌스키, 네이션 로젠(EPR)이 제안한 사고실험으로 양자역학이 제공하는 물리적 실체에 대한 설명이 불완전하다고 주장한다.

137쪽 **인간 중심 원리**(anthropic principle): 인간 중심 원리는 우리가 시작하기 위해서 특정 유형의 우주에만 존재할 수 있다는 점을 고려할 때, 우주에 대한 우리의 관측이 통계적으로 얼마나 가능성이 있는지를 결정하려는 일련의 원칙. 인간의 원리 추론은 종종 우주가 미세 조정된 것처럼 보인다는 사실을 다루기 위해서 사용한다.

141쪽 **구면 조화함수**(spherical harmonic): 구 표면에 정의된 특수 함수로, 많은 과학 분야에서 편미분 방정식을 푸는 데에 종종 사용된다.

149쪽 **CPT 불변**: 전하 교환(C), 패리티 변환(P) 및 시간 반전(T)의 동시 변환하에서 물리법칙의 근본적인 대칭. 모든 로렌츠 불변 국소 양자장 이론이 CPT 대칭을 가져야 한다고 한다.

161쪽 **전파인자**(propagator): 양자역학이나 양자장 이론에서 입자가 주어진 시간에 한 장소에서 다른 장소로 이동하거나 특정 에너지 및 운동량으로 이동할 확률 진폭을 지정하는 기능이다.

트위스터 이론(twistor theory): 1967년 로저 펜로즈에 의해서 양자 중력에 대한 가능한 방법으로 제안되었으며 이론 및 수학적 물리학의 한 분야로 진화했다.

리만 구(Riemann sphere): 리만 구는 복소면에 무한대의 점을 더한 확장된 복소면을 의미한다.

166쪽 **헬리시티**(helicity): 스핀이 운동량 방향으로 투영되는 것.

168쪽 **레비-치비타 기호**(Levi-Civita symbol): 1, −1, 0으로 이루어진 숫자 모음으로 순열에서 비대칭 속성 및 정의를 나타낸다.

172쪽 **윤곽선 적분**(contour integral): 복소수 해석학에서 복소 평면의 경로를 따라 특정 적분을 계산하는 방법이다.

178쪽 **뫼비우스 변환**(Möbius transformation): 뫼비우스 변환은 먼저 평면에서 반지름이 1인 2차원 구로 입체 투영하되, 그 구는 공간의 새로운 위치와 방향으로 회전 및 이동한 다음, 입체 투영을 수행하여 얻을 수 있다.

(제한된) 로렌츠 군(restricted Lorentz group): 제한된 로렌츠 군은 일반 공간 회전(매개 변수 3개) 및 로렌츠 부스트(매개 변수 3개)에 의해서 생성된다.

179쪽 **초동반자**(superpartner): 고에너지 물리학의 이론 중의 하나인 초대칭 이론에서 예측하는 가상의 기본 입자로 기존 입자와 동반자를 이루도록 분류한다. 표준모형의 확장에서는 페르미온의 초동반자에는 이름 앞에 s를 붙이고(예: 톱쿼크 → s톱쿼크) 보존의 초동반자에는 이름 뒤에 –ino를 붙인다(예: gluon → gluino).

180쪽 **스핀 회로**(spin network): 양자역학에서 입자와 장 사이의 상태와 상호작용을 나타내는 데에 사용할 수 있는 다이어그램 유형이다.

184쪽 **양–밀즈**(Yang-Mills)**의 인스탄톤**(instanton): 인스탄톤은 양자역학이나 양자장 이론에서 유클리드 시공간에 대한 고전적 장 이론의 운동 방정식에 대한 풀이. 양–밀즈 이론과 같은 다양한 계에서 터널링을 연구하는 데에 사용할 수 있다.

참고 문헌

Aharonov, Y., Bergmann, P., and Lebowitz, J. L. 1964 Time symmetry in the quantum process of measurement. In Quantum Theory and Measurement, ed. J. A. Wheeler and W. H. Zurek. Princeton University Press, Princeton, 1983. Originally in *Phys. Rev.* **134B**, 1410-16.

Bekenstein, J. 1973. Black holes and entropy. *Phys. Rev.* **D7**, 2333-46.

Carter, B. 1971. Axisymmetric black hole has only two degrees of freedom *Phys. Rev. Lett.* **26**, 331-333.

Diosi, L. 1989. Models for universal reduction of macroscopic quantum fluc-tuations. *Phy. Rev.* **A40**, 1165-74.

Fletcher, J., and Woodhouse, N. M. J. 1990. Twistor characterization of sta-tionary axisymmetric solutions of Einstein's equations. In *Twistors in Mathematics and Physics*, ed. T. N. Bailey and R. J. Baston. LMS Lecture Notes Series 156. Cambridge University Press, Cambridge, U.K.

Gell-Mann, M., and Hartle, J. B. 1990. In *Complexity, Entropy, and the Physics of Information*. SFI Sutdies in the Science of Complexity, vol. 8, ed. W. Zurek.

Addison-Wesley, Reading, Mass.

Geroch, R. 1970. Domain of dependence. *J. Math. Phys.* **11**, 437-449.

Ceroch, R., Krongeimer, E. H., and Penrose, R. 1972. Ideal points in spacetime. *Proc. Roy. Soc. London* **A347**, 545-567.

Ghirardi, G. C., Grassi, R., and Rimini, A. 1990. Continuous-spontaneous-re-duction model involving gravity. *Phys. Rev.* **A42**, 1057-64.

Gibbons, G. W. 1972. The time-symmetric initial value problem for black holes. Comm. *Math. Phy.* **27**, 87-102.

Griffiths, R. 1984. Consistent histories and the interpretation of quantum mechanics. *J. Stat. Phys.* **36**, 219-272.

Hartle, J. B., and Hawking, S. W. 1983. Wave function of the universe. *Phys. Rev.* **D28**, 2960-2975.

Hawking, S. W. 1965. Occurrence of singularities in open universes. *Phys. Rev. Lett.* **15**, 689-690.

Hawking, S. W. 1972. Black holes in general relativity. *Comm. Math. Phys.* **25**, 152-166.

Hawking, S. W. 1975. Particle creation by black holes. *Comm. Math. Phys.* **43**, 199-220.

Hawking, S. W., and Penrose, R. 1970. The singularities of gravitational collapse and cosmology. *Proc. Roy. Soc. London* **A314**, 529-48.

Hodges, A. P. 1982. Twistor diagrams. *Physica* **114A**, 157-75.

Hodges, A. P. 1958. A twistor approach to the regularization of divergences. *Proc. Roy. Soc. London* **A397**, 341-74. Also, Mass eigenstates in twistor the-ory, ibid., 375-96.

Hodges, A. P. 1990. Twistor diagrams and Feynman disgrams. In *Twistors in Mathematics and Physicsm*, ed. T. N. Bailey and R. J. Baston. LMS Lec-ture Notes Series 156. Cambridge University Press, Cambridge, U.K.

Hodges, A. P., Penrose, T., and Singer, M. A. 1989. A twistor conformal field theory for four space-time dimensions. *Phys. Lett.* **B216**, 48-52.

Huggett, S. A., and Tod, K. P. 1985. *An Introduction to Twistor Theory.* London Math. Soc. student texts. LMS publication, Cambridge University Press, New York.

Hughston, L. P., Jozsa, R., and Wooters, W. K. 1993. A complete classification of quantum ensembles having a given density matrix. *Phy. Lett.* **A183**, 14-18.

Israel, W. 1967. Event horizons in static vacuum space-times. *Phys. Rev.* **164**, 1776-1779.

Majorana, E. 1932. Atomi orientati in campo magnetico variabile. *Nuovo Cimento* **9**, 43-50.

Mason, L. J., and Woodhouse, N. M. J. 1996. *Integrable Systems and Twistor Theory* (tentative). Oxford University Press, Oxford (forthcoming).

Newman, R. P. A. C. 1993. On the structure of conformal singularities in classical general relativity. *Proc. Roy. Soc. London* **A443**, 473-92; II, Evolution equations and a conjecture of K. P. Tod, ibid., 493-515.

Omnes, R. 1992. Comsistent interpretations of quantum mechanics. *Rev. Mod. Phys.* **64**, 339-82.

Oppenheimer, J. R., and Snyder, H. 1939. On continued gravitational contraction. *Phys. Rev.* **56**, 455–459.

Pais, A. 1994. *Einstein Lived Here.* Osford University Press, Oxford.

Penrose, R. 1965. Gravitational collapse and s[ace–time singularities. *Phys. Rev. Lett.* **14**, 57–59.

Penrose, R. 1973. Naked singularities. *Ann. N. Y. Acad. Sci.* **224**, 125–134.

Penrose, R. 1976. Non–Linear gravitons and curved twistor theory. *Gen. Rev. Grav.* **7**, 31–52.

Penrose, R. 1978. Singularities of space–time. In *Theoretical Principles in Astrophysics and Relativity*, ed. N. R. Liebowitz, W. H. Reid, and P. O. Vander–voort. University of Chicago Press, Chicago.

Penrose, R. 1979. Singularities and time–asymmetry. In *General Relativity: An Einstein Centenary*, ed. S. W. Hawking and W. Israel. Cambridge University Press, Cambridge, U.K.

Penrose, R. 1982. Quasi–local mass and angular momentum in general relativity. *Proc. Roy. Soc. London* **A381**, 53–63.

Penrose, R. 1986. On the Origins of twistor theory. In *Gravitation and Geometry* (I. Robinson Festschrift volume), ed. W. Rindler and A. Trautman. Bibliopolis, Naples.

Penrose, R. 1992. Twistors as spin 3/2 charges. In *Gravitation and Modern Cosmology* (P.G. Bergmann's 75th Birthday volume), ed. A. Zichichi, N. de Sabbata, and N. Sanchez. Plenum Press, New York.

Penrose, R. 1993. Gravity and quantum nechanics. In *General Relativity and Gravitation* 1992. Proceedings of the Thirteenth International Conference on General Relativity and Gravitation held at Cordoba, Argentina, 28 June–4 July 1992. Part 1, Plenary Lectures, ed. R. J. Gleiser, C. N. Kozameh, and O. M. Moreschi. Institute of Physics Publication, Bristol and Philadelphia.

Penrose, R. 1994. *Shadows of the Mind: An Approach to the Missing Science of Consciousness.* Oxford University Press, Oxford.

Penrose, R., and Rindler, W. 1984. *Spinors and Space–Time*, vol. 1: *Two–Spinor Calculus and Relativistic Fields.* Cambridge University Press, Cambridge.

Penrose, R., and Rindler, W. 1986. *Spinors and Space–Time*, vol. 2: *Spinor and Twistor Methods in Space-Time Geometry.* Cambridge University Press, Cam-bridge.

Rindler, W. 1977. *Essential Relativity.* Springer-Verlag, New York.

Robinson, D. C. 1975. Uniqueness of the Kerr black hole. *Phys. Rev. Lett.* **34**, 905-906.

Seifert, H.-J. 1971. The causal boundary of space-time. J. *Gen. Rel. and Grav.* **1**, 247-259.

Tod, K. P. 1990. Penrose's quasi-local mass. In *Twistors in Mathmatics and Physics*, ed. T. N. Bailey and R. J. Baston. LMS Lecture Notes Series 156. Cambridge University Press, Cambridge, U.K.

Ward, R. S. 1977. On self-dual gauge fields. *Phys. Lett.* **61A**, 81-82.

Ward, R. S. 1983. Stationary and axi-symmetric spacetimes. *Gen. Rel. Grav.* **15**, 105-9.

Woodhouse, N. M. J., and Mason, L. J. 1988. The Geroch group and non-Hausdorff twistor spaces. *Nonlinearity* **1**, 73-114.

개정판 역자 후기

1995년에 초판이 나온 지 4반세기가 흘렀다.

이 책의 기반이 되었던 1994년에 있었던 강의 시리즈 이후에 천체물리학에서 많은 발전이 있었다. 무엇보다도 첨단과학기술이 천체 관측에 적극 도입되어 이론 천체물리학에서 엄청난 진보가 있었다. 물론 이 강의의 핵심인 양자 중력 이론에 대한 증거는 아직 요원하기는 하지만. 이에 따라 2010년에 발행된 판에서는 이러한 현안이 반영된 배경들이 추가되었다.

상대론 및 우주론에서 세계적인 학자로 손꼽히는 사람은 스티븐 호킹, 로저 펜로즈, 킵 손 정도이다. 이들은 약간은 다른 각자의 영역에서 거탑을 세운 학자들이며 후대에 많은 영향을 끼쳐왔다.

수학자의 특징을 고스란히 가진 로저 펜로즈는 조금의 융통성을 허용하지 않는 수학자임에는 틀림이 없다. 그는 그의 수학적 재능을 이론물리학에 적극 도입하여 트위스터 이론을 고안하고 우주론을 포함하여 양자 중력 이론의 발전에 공헌했다. 이에 반해서 이론물리학자로서 스티븐 호킹은 물리학이 가지는 엄밀성을 추구하지만, 수학과는 달리 물리학의 연구 대상이 자연물이기에 자연이라는 맥락에 따라 양자 중력 이론의 기초를 놓았다.

이 책은 두 사람이 이 두 관점을 고스란히 보여준 강의와 토론을 엮은 것이다. 이제는 고전이라고 할 두 사람의 강의는 이론 천체물리학의 기초를 이해하는 데에 큰 도움이 되고 있다.

펜로즈는 이 책에서도 언급되었던 1970년대 초의 블랙홀의 특이점에 관련된 논문 시리즈로 2020년에 노벨상을 수상하기에 이르렀으나 안타깝게도 스티븐 호킹은 2018년에 세상을 달리했다. 그렇지 않았다면 펜로즈와 함께 호킹도 노벨상을 공동 수상했을지도 모른다. 앞에서 언급한 킵 손은 2017년에 중력파 관측으로 노벨상을 수상했다.

이들의 저서는 아무리 쉽게 저술되었다고 해도 어쩔 수 없이 등장하는 전문용어로 일반인들이 접근하기가 쉽지는 않다. 하지만 전문학술적인 디테일보다도 큰 그림에서 저자들이 하고자 하는 의도를 짚어가면서 읽으면 적어도 현안에 대한 방향은 깨닫게 되지 않을까 한다.

2021년 4월

역자 김성원

초판 역자 후기

이 책은 스티븐 호킹과 로저 펜로즈가 서로 강의식으로 토론을 벌인 것을 글로 적은 것인데, 그 내용은 지난 수십 년 동안 그들뿐만 아니라 여러 상대론 학자들이 연구하고 발표했던 "시간과 공간의 본질"에 대한 문제들을 예리하게 집어내어 축약시킨 것이라고 할 수 있다. 따라서 여기에서 소개된 내용은 일반 상대성 이론이나 시공간에 대하여 과거의 사상들과 현안들을 이해하는 데에 더 말할 나위도 없이 중요하다.

호킹과 펜로즈는 이 강의에서 될 수 있으면 전문지식을 덜 사용하려고 노력했으나 그 인내에도 한계가 있었는지 가끔 수학적인 내용과 물리적으로 깊은 내용들이 언급되고 있다. 그러나 이러한 것들을 이내 곧 끝맺고 현상을 설명하는 자세로 되돌아가는 민첩성을 보인다.

이 내용들을 독자들이 다 이해한다면 그들이 여태껏 해온 논의뿐 아니라 시공간, 우주론, 중력, 상대론 등의 현안들을 다 이해했다고 할 수 있으므로 그들과 함께 같은 연구를 할 수 있는 자격을 갖추었다고 생각할 수 있을 것이다. 물론 독자들이 이 내용을 다 이해할 수 있으리라고 보지는 않는다. 그러나 읽어가다가 이해가 가지 않는 부분, 즉 지극히 전문적인 부분은 건너뛰고 그다지 전문적이지 않는 부분들만 골라 읽어도 이 책에서 말하고 싶은 내용을 개괄적으로 이해하는 데에는 지장이 없을 듯싶다.

각 장의 처음과 마지막 부분들만 읽어도 현안이 무엇인지 이해할 수 있으리라고 믿으며 특히 제7장은 완전히 읽어주기를 바란다. 그리하면 현대 상대론의 두 대가가 맞서는 부분과 일치하는 부분이 무엇인지 약간은 들어보게 되는 것이며, 도대체 그들이 무엇을 하고 있는지 이해하게 될 것이다. 또한 현재 일반 상대성 이론이 어느 곳에 위치하는가도 이해하게 될 것이다.

이 책은 물리학에 관심이 있거나 전공으로 하는 사람뿐만 아니라 시간과 공간의 본질이 무엇인지 궁금한 사람이라면 어느 누구나 읽을 수 있을 것이라고 생각한다. 물론 약간의 인내가 필요하지만 도저히 이해하기 힘들 경우에는 넘어가도 괜찮을 듯싶다. 여하튼 이 책을 통하여 시간과 공간에 대한 비밀이 숨겨져 있는 금고 문을 살짝 열고 볼 수 있으리라고 믿는다.

이 책이 만들어지기까지 도와준 모든 분들에게 감사한다. 특히 이 글을 읽고 조언을 아끼지 않은 아내와 원고 정리에 도움을 준 김경미, 문영주, 안혜영, 이시은, 허정원 양에게 감사한다.

1997년 1월

역자 김성원

인명 색인

게로치 Geroch, R. 51, 54
겔만 Gell-mann, Murray 106
그라시 Grassi, R. 113
그리피스 Griffiths, R. 106
기라르디 Ghirardi, G. C. 113
기번스 Gibbons, Gray W. 55, 73

뉴먼 Newman, R. P. A. C. 58-59
뉴턴 Newton, Issac 98, 115, 202

디오시 Diosi, L. 113

래플럼 Laflamme, Raymond 152
로버트슨 Robertson Howard 58
로빈슨 Robison, D. C. 50, 66
로스 Ross, Simon 92
르메트르 Lemaitre, Georges 58
리미니 Rimini, A. 113
리보비츠 Liebowitz, N. R. 106
린들러 Rindler, W. 162, 164

마조라나 Majorana, E. 163
말다세나 Maldacena, Juan 210
메이슨 Mason, L. J. 175

버그먼 Bergmann, P. 106
베켄슈타인 Bekenstein, J. 43, 60
벨 Bell, John 109
보어 Bohr, Aage Niels 202

슈미트 Schmidt, Brian 208
스나이더 Snyder, H. 51
싱어 Singer, Michael A. 173

아인슈타인 Einstein, Albert 45, 202
아하로노프 Aharonov, Y. 106
에른스트 Ernst, F. J. 88
아슈테카르 Ashtekar. Abhay 171
오펜하이머 Oppenheimer, John
    Robert 51
옴네스 Omnes, R. 106
요즈사 Jozsa, R. 108
우드하우스 Woodhouse, N. M. J.
    174-175
우터스 Wooters, W. K. 108
워드 Ward, R. S. 175
워커 Walker, Arthur 58
위튼 Witten, Edward 212
이즈리얼 Israel, W. 50, 66

227